美しい無限級数

ゼータ関数と
L 関数をめぐる数学

若原 龍彦
Wakahara Tatsuhiko

プレアデス出版

人名年表

ネイピア	Napier	1550—1617
ジョン・ウォルス	Wallis, John	1616—1703
関孝和		1640—1708
ヤコブ・ベルヌーイ	Bernoulli, Jakob	1654—1705
テイラー	Taylor	1685—1731
マクローリン	Maclaurin	1698—1746
オイラー	Euler	1707—1783
ルジャンドル	Legendre	1752—1833
ガウス	Gauss	1777—1855
ディリクレ	Dirichlet	1805—1859
ワイヤシュトラス	Weierstrass	1815—1897
リーマン	Riemann	1826—1866
スティルチェス	Stieltjes	1856—1894
ド・ラ・ヴァレ・プサン	de la Vallée Poussin	1866—1962
リトルウッド	Littlewood	1885—1977

はじめに

　無限級数のなかには綺麗な式で書かれ，しかも予想ができないような値となるものがある．例えば級数

$$1 + \frac{1}{2^2} + \frac{1}{3^2} + \frac{1}{4^2} + \cdots = \frac{\pi^2}{6}$$

について，自然数 $(1, 2, 3, 4, \cdots)$ の 2 乗を分母とする分数を無限に足し合わせたとき，和はちょうど円周率 $\pi\ (= 3.141592\cdots)$ の 2 乗を 6 で割った値になると言っている．このように級数の値に円周率が突然現れ，綺麗で簡単な形で表されるということは不思議なことであり，予測することはとても難しいことである．この級数は，分母のべきが 2 のゼータ関数であり，記号を用いて $\zeta(2)$ と書き表される．同じように，分母の自然数を 4 乗したときの $\zeta(4)$ はつぎのようになる．

$$\zeta(4) = 1 + \frac{1}{2^4} + \frac{1}{3^4} + \frac{1}{4^4} + \cdots = \frac{\pi^4}{90}$$

　無限級数

$$1 - \frac{1}{3} + \frac{1}{5} - \frac{1}{7} + \cdots = \frac{\pi}{4}$$

$$1 - \frac{1}{2} + \frac{1}{4} - \frac{1}{5} + \frac{1}{7} - \frac{1}{8} + \cdots = \frac{\pi}{3\sqrt{3}}$$

では，結果にはやはり π が見られる．しかしつぎの無限級数

$$1 - \frac{1}{2} + \frac{1}{3} - \frac{1}{4} + \cdots = \log 2$$

$$1 + \frac{1}{2} - \frac{2}{3} + \frac{1}{4} + \frac{1}{5} - \frac{2}{6} + \frac{1}{7} + \frac{1}{8} - \frac{2}{9} + \cdots = \log 3$$

では，値はネイピアの数 $e\ (= 2.718281\cdots)$ を底とする自然対数で書かれており，ここでは π は現れない．そして無限級数のなかには

$$\frac{1}{1 \cdot 3} + \frac{1}{3 \cdot 5} + \frac{1}{5 \cdot 7} + \frac{1}{7 \cdot 9} + \cdots = \frac{1}{2}$$

のようにシンプルな結果となり，しかも簡単な四則演算で導かれる級数もある．しかし形が似ているものの，つぎの無限級数の例では結果は円周率 π で表されている．

$$\frac{1}{1 \cdot 3} + \frac{1}{5 \cdot 7} + \frac{1}{9 \cdot 11} + \frac{1}{13 \cdot 15} + \cdots = \frac{\pi}{8}$$

また以下は L 関数と呼ばれる級数の例であるが，値にはやはり π が現れる．

$$1 - \frac{1}{3^3} + \frac{1}{5^3} - \frac{1}{7^3} + \cdots = \frac{\pi^3}{32}$$

$$1 - \frac{1}{2^3} + \frac{1}{4^3} - \frac{1}{5^3} + \frac{1}{7^3} - \cdots = \frac{4\pi^3}{81\sqrt{3}}$$

なかには，値が対数と π の両方を用いて表される級数さえある．

このように無限級数のなかには想像には遠く及ばない結果となって，しかも美しい式で表されるものが少なくない．

ゼータ関数のもとになる関数のひとつに，ガンマ関数と呼ばれる積分

$$\Gamma(x) = \int_0^\infty e^{-t} t^{s-1} dt$$

がある．このガンマ関数はゼータ関数，L 関数などの無限級数と，深いかかわり合いがある．実際，ガンマ関数についての式を変形し，また微分をすることにより，さまざまなゼータ関数や L 関数の値を得られることがある．一見したところ，微分と無限級数が関係があるようには思われないかも知れないが．

ゼータ関数は，綺麗に書かれた級数展開の項のなかでも見ることができる．ここで一例を挙げておきたい．

$$\frac{\zeta(2)}{2} + \frac{\zeta(4)}{2^3} + \frac{\zeta(6)}{2^5} + \frac{\zeta(8)}{2^7} + \cdots = 1$$

最初に述べたようにゼータ関数は，自然数，円周率により表されるが，実はオイラー積と等号で結ばれ，全ての素数 $(2, 3, 5, 7, 11, \cdots)$ が順に現れる

積の形でも書き表される．つまり全ての自然数と全ての素数はゼータ関数を通して結ばれている，と言えるのである．

また素数の個数に関する素数定理によれば，素数の分布と e を底とする自然対数との関係が浮かびあがってくる．この難解ともいえる素数定理の証明には，ゼータ関数についてのある値が要となったのである．

つぎの式は，共に無理数である円周率 π とネイピアの数 e とを結ぶものである．

$$\pi = e^{\log 2 + \frac{1}{2} \frac{\zeta(2)}{2} + \frac{1}{2^3} \frac{\zeta(4)}{4} + \frac{1}{2^5} \frac{\zeta(6)}{6} + \cdots}$$

この式の右辺のべきには，$\log 2$ のほかゼータ関数の値による級数が現れる．このように π が e のべきの形で表されるということは，驚くべきことでもある．円周率，ネイピアの数，ゼータ関数はそれぞれが互いに関係なく定義されたものであるが，実はとてもエキゾチックな形で結ばれているのである．

無限級数に限らず，数式のなかにも美しい結果を示してくれるものがある．オイラーの公式によれば

$$e^{i\pi} = -1$$

という，ネイピアの数 e，円周率 π，虚数単位 $i(i^2 = -1)$ そして自然数 1 の組合わせからなるシンプルな式が得られる．また i^i は実数であって，その値のひとつは

$$i^i = \frac{1}{\sqrt{e^\pi}}$$

であること，および実数での表し方は無限にあることも，この公式からわかる．

これまで見てきたように，自然数，素数，円周率，ネイピアの数，$\log 2$，ゼータ関数の値などが互いに結ばれ，しかも美しい式で書き表されることがとても不思議に思われる．

この本においては，タイトルにもあるようにゼータ関数，L 関数などのさまざまな無限級数について，詳しい考察をおこなう．また，これらの級数とは縁が深いベルヌーイ数，ディリクレ指標などについてもふれることにす

る．そして，やはりゼータ関数と深い関係にある，オイラーの定数 γ についても取り上げる．この γ も，数論においては π, e とともに重要な数であり，しかもなかなか興味深いものがある．

　前提となる予備知識については章により多少異なるが，とくに不慣れと思われる箇所については，都度できるだけ説明を加え，前に読み進められるように工夫をした．また定理についての理解が深められるよう，内容の説明に関しても心がけた．そしてできる限りの例をあげ，計算の過程も含めて説明するようにしたつもりである．

　まずは順を追って読んでいくという方法が考えられるが，興味のあるところを選んで読み進めるという方法もお勧めしたい．

　思いも寄らないような結果を見せてくれる無限級数の奥深さ，または，それらに潜む，調和と美しさなどを感じとっていただき，さらには数学に一層の興味を深めていただくことになれば，筆者としては大きな喜びである．そしてゼータ関数，L 関数についての，いわばその "魅力を探る不思議な旅" を十分に楽しんでいただければと願っている．

　この書物を書き上げるに際しての参考文献については，巻末においてまとめて掲げておいた．とくに定理のなかには証明を省いた箇所があるが，興味を持たれた方は是非とも参考文献を参照していただきたいと思う次第である．

　本書の記述のなかには筆者が大学の学部，大学院で学び，研究をした際の内容がもとになっている部分，または参考とした部分が含まれている．その際，セミナー等においてご指導いただいた小林孝子先生には，ここで改めて深く感謝を申しあげたい．

2017 年 10 月

若原　龍彦

目次

第1章	ゼータ関数入門	1
1.1	ゼータ関数とは ………………………………………………	1
1.2	オイラー積 ………………………………………………………	7
1.3	ゼータ関数の式変形から ………………………………………	13
第2章	さまざまな無限級数	19
2.1	ライプニッツの級数とメルカトールの級数 …………………	19
2.2	分母が自然数の積からなる級数 ………………………………	24
2.3	黄金比をもとに …………………………………………………	27
2.4	級数の収束条件 …………………………………………………	30
第3章	ネイピアの数 e と円周率 π	33
3.1	ネイピアの数 e について ……………………………………	33
3.2	円周率 π について ……………………………………………	39
3.3	π と e および i の関係（オイラーの公式から）	43
第4章	ベルヌーイ数とゼータ関数	47
4.1	ベルヌーイ数 B_m とは ………………………………………	47
4.2	ゼータ関数の正の偶数での値を求める ………………………	50
4.3	新たなベルヌーイ数 $\mathcal{B}_m^{(N)}$ とは ……………………………	53
4.4	新たなベルヌーイ数の数列と $\zeta(2m)$ の値 ………………	59
第5章	ベルヌーイ数，オイラー数，もうひとつの数	63
5.1	オイラー数 E_m と奇数べきの交代級数 ……………………	63
5.2	もうひとつの数 T_m と偶数べきの交代級数 ………………	67
5.3	三つの数 B_{2m}, E_{2m}, T_{2m} の関係 …………………	70
5.4	余接 $\cot z$, 正割 $\sec z$, 余割 $\operatorname{cosec} z$ で表される三つの数 ………	74

vi   目次

第 6 章	**自然数のべき乗の和**	79
6.1	ベルヌーイ数と自然数のべき乗の和 …………………	79
6.2	ベルヌーイ多項式と自然数のべき乗の和 …………	81
6.3	オイラー多項式と整数のべき乗の和 ………………	87

第 7 章	**ゼータ関数がなす数列と級数**	91
7.1	ゼータ関数から 1 を引いて足し合わせると ………	91
7.2	ゼータ関数の商による数列 ………………………	96
7.3	連続する三つの整数のゼータ関数の値から ………	99

第 8 章	**ガンマ関数**	103
8.1	ガンマ関数とディガンマ関数 ……………………	103
8.2	ディガンマ関数についての二つの公式 …………	109
8.3	ディガンマ関数がつくる美しい無限級数 ………	114

第 9 章	**オイラーの定数**	121
9.1	オイラーの定数 γ について ………………………	121
9.2	$\log m$ を無限級数で表すと（メルカトールの級数を一般化すれば）	126
9.3	オイラーの定数とゼータ関数の関係 ……………	128
9.4	γ, π, e とゼータ関数の関係（π を e のべき乗で表せば） ………	131

第 10 章	**余接関数 $\cot z$ とゼータ関数**	137
10.1	無限級数 $\zeta(2)$ の分母を少し変えると ………………	137
10.2	ロピタルの定理を用いる …………………………	141
10.3	$\cot z$ とゼータ関数 ……………………………	144

第 11 章	**余接関数 $\cot z$ と L 関数**	149
11.1	ディリクレの L 関数とは（mod3, 4 の場合） ………	149
11.2	mod5 の L 関数について …………………………	155
11.3	$L(1, \chi)$ の値について …………………………	161

第 12 章	**ディリクレ指標と L 関数**	165
12.1	ディリクレ指標とは ………………………………	165
12.2	平方剰余記号と L 関数 …………………………	171

12.3	L 関数の値を与える式 ……………………………………………	176

第 13 章　リーマンのゼータ関数　181

13.1	ゼータ関数の関数等式 ……………………………………………	181
13.2	ゼータ関数の負の整数での値 ……………………………………	189
13.3	リーマン予想とは …………………………………………………	193

第 14 章　素数の分布　197

14.1	素数定理について …………………………………………………	197
14.2	$k \bmod n$ となる素数の個数 ……………………………………	202
14.3	素数の分布を考える ………………………………………………	204

参考文献	209
索引	211

第1章

ゼータ関数入門

はじめに，この章のテーマであるゼータ関数について，いくつかの例をもとにして説明をする．

ゼータ関数の正の偶数での値は，有理数に円周率を掛けた形で表される．つまり，その値には円周率 π が突然現れるのである．またゼータ関数は，オイラー積という無限積（無限個からなる項を掛けあわせた式）でも書き表される．すなわち，和（無限級数）から積（無限積）に形を変えて書き表されるのである．

この章では，このように不思議な性質をもち，美しい式で書き表されるゼータ関数，およびゼータ関数から派生して得られるさまざまな級数の例を挙げ，解説することにしたい．

また無限級数であるゼータ関数は，シンプルで思いもよらないような積分の形で表されることがあり，このことについてもふれることにする．

1.1 ゼータ関数とは

数学の世界においては，思いもよらないような結果をもたらしてくれる数式が少なくない．実際，ゼータ関数と呼ばれている級数のなかには，私たちには予想もできないような見事な結果を示してくれるものがある．例えば

$$1 + \frac{1}{2^2} + \frac{1}{3^2} + \frac{1}{4^2} + \cdots = \frac{\pi^2}{6}$$
$$1 + \frac{1}{2^4} + \frac{1}{3^4} + \frac{1}{4^4} + \cdots = \frac{\pi^4}{90}$$

などの級数の値は，いずれも円周率 π で表される．また，これらの級数の各項は正であり，正項級数と呼ばれるものの例である．

それに対して，つぎの級数は和と差が交互に繰り返す，交代級数といわれるものである．

$$1 - \frac{1}{2^2} + \frac{1}{3^2} - \frac{1}{4^2} + \cdots = \frac{\pi^2}{12}$$

$$1 - \frac{1}{2^4} + \frac{1}{3^4} - \frac{1}{4^4} + \cdots = \frac{7\pi^4}{720}$$

$$1 - \frac{1}{3^3} + \frac{1}{5^3} - \frac{1}{7^3} + \cdots = \frac{\pi^3}{32}$$

$$1 - \frac{1}{3^5} + \frac{1}{5^5} - \frac{1}{7^5} + \cdots = \frac{5\pi^5}{1536}$$

このうち上の二つの式の分母のべきは偶数であり，また下の二つの式の分母のべきは奇数である．この二つの種類の交代級数の値は，全く異なる方法により求められる．

　以上で挙げた無限級数の値はいずれも「有理数 × 円周率 π のべき乗」の形となっているが，このように円周率で表されるという事実がとても不思議に思われるのである．

　また以下の級数においても，結果にはやはり π が見られる．

$$1 + \frac{1}{3^2} + \frac{1}{5^2} + \frac{1}{7^2} + \cdots = \frac{\pi^2}{8}$$

$$1 + \frac{1}{3^4} + \frac{1}{5^4} + \frac{1}{7^4} + \cdots = \frac{\pi^4}{96}$$

　ここで分母が自然数ではない二つの例を挙げておこう．値はこれまでと同じように π で表される．

$$\frac{1}{0.5^2} + \frac{1}{1.5^2} + \frac{1}{2.5^2} + \frac{1}{3.5^2} + \cdots = \frac{\pi^2}{2}$$

$$\frac{1}{0.5^2} + \frac{1}{1.0^2} + \frac{1}{1.5^2} + \frac{1}{2.0^2} + \cdots = \frac{2\pi^2}{3}$$

　何故 π を含んだ結果になるのか，などについては興味深いところであり，本書における主要なテーマのひとつである．

　つぎの例（ライプニッツの級数）

$$1 - \frac{1}{3} + \frac{1}{5} - \frac{1}{7} + \cdots = \frac{\pi}{4}$$

においては，結果はやはり π で表されている．

しかし上の式と同じように分母のべきが 1 である以下の例（メルカトールの級数）では

$$1 - \frac{1}{2} + \frac{1}{3} - \frac{1}{4} + \cdots = \log 2$$

となって，ここでの結果は π ではなく対数で表示されている．

この有名な二つの級数については，次の章において説明する．

これまでに挙げたのは，いずれも収束する級数の例であった．これに対して，たとえばつぎの級数（調和級数）

$$1 + \frac{1}{2} + \frac{1}{3} + \frac{1}{4} + \cdots$$

は無限大となり，級数は発散する．これに関しては，14 世紀にオレーム（Oresme）がつぎのように示している．

$$
\begin{aligned}
&1 + \frac{1}{2} + \frac{1}{3} + \frac{1}{4} + \frac{1}{5} + \frac{1}{6} + \frac{1}{7} + \frac{1}{8} + \cdots \\
&= 1 + \frac{1}{2} + \left(\frac{1}{3} + \frac{1}{4} \right) + \left(\frac{1}{5} + \frac{1}{6} + \frac{1}{7} + \frac{1}{8} \right) + \cdots \\
&\geq 1 + \frac{1}{2} + \left(\frac{1}{4} + \frac{1}{4} \right) + \left(\frac{1}{8} + \frac{1}{8} + \frac{1}{8} + \frac{1}{8} \right) + \cdots \\
&= 1 + \frac{1}{2} + \frac{1}{2} + \frac{1}{2} + \cdots
\end{aligned}
$$

この最後の式は発散することから，もとの級数も発散することがわかる．

なお

$$
\begin{aligned}
1 + \frac{1}{2} + \frac{1}{3} + \frac{1}{4} + \cdots &> \int_1^\infty \frac{1}{x} dx \\
&= \lim_{K \to \infty} \int_1^K \frac{1}{x} dx = \lim_{K \to \infty} \log K = \infty
\end{aligned}
$$

が成り立つが，不等式の右辺は $+\infty$ になることから，これにより調和級数が発散することが示される．

調和級数は発散するとは言えその速度は遅く，かなりゆるやかに発散する．例えば最初の 1,000,000 項の和は $14.392\cdots$ であり，また 10 億項の和でも $21.300\cdots$ に過ぎない．

4 　　第 1 章　ゼータ関数入門

　この節の最初に掲げた無限級数

$$1 + \frac{1}{2^2} + \frac{1}{3^2} + \frac{1}{4^2} + \cdots = \frac{\pi^2}{6}$$

は，1734 年から翌年にかけてのオイラーによる論文のなかで書かれている
ものである．これは，彼がいろいろ計算をするなかで辿りついた結果であっ
た．オイラー自身には，この結果に円周率が含まれていたことは予想外のこ
とであったようである．

　ところで，値を求めるためにオイラーが考えた方法は以下のようなもので
ある．

　三角関数 $\sin x$ はつぎのようにテイラー展開される．

$$\sin x = x - \frac{x^3}{3!} + \frac{x^5}{5!} - \frac{x^7}{7!} + \cdots$$

他方で方程式　$\sin x = 0$　を考えれば，その解は $0, \pm\pi, \pm2\pi, \pm3\pi, \cdots$ で
ある．したがって，$\sin x$ についての多項式を考えれば

$$\sin x = x \left(1 - \frac{x^2}{\pi^2}\right)\left(1 - \frac{x^2}{2^2\pi^2}\right)\left(1 - \frac{x^2}{3^2\pi^2}\right)\cdots$$

が成り立つということになる．以上により

$$
\begin{aligned}
&x - \frac{x^3}{3!} + \frac{x^5}{5!} - \frac{x^7}{7!} + \cdots \\
&= x\left(1 - \frac{x^2}{1^2\pi^2}\right)\left(1 - \frac{x^2}{2^2\pi^2}\right)\left(1 - \frac{x^2}{3^2\pi^2}\right)\left(1 - \frac{x^2}{4^2\pi^2}\right)\cdots \\
&= x - \left(\sum_{n=1}^{\infty}\frac{1}{n^2\pi^2}\right)x^3 + \left(\sum_{n_1<n_2}\frac{1}{n_1^2 n_2^2 \pi^4}\right)x^5 + \cdots
\end{aligned}
$$

が導かれる．最後の式の，例えば第 2 項の係数は

$$
\begin{aligned}
-\sum_{n=1}^{\infty}\frac{1}{n^2\pi^2}x^3 &= \left(x \cdot \left(-\frac{x^2}{1^2\pi^2}\right)\cdot 1 \cdot 1 \cdots\right) \\
&\quad + \left(x \cdot 1 \cdot \left(-\frac{x^2}{2^2\pi^2}\right)\cdot 1 \cdot 1 \cdots\right) + \cdots
\end{aligned}
$$

となることからわかる．そして両辺の x^3 の係数を比較すると

$$-\frac{1}{3!} = -\sum_{n=1}^{\infty}\frac{1}{n^2\pi^2} = -\frac{1}{\pi^2} - \frac{1}{2^2\pi^2} - \frac{1}{3^2\pi^2} - \cdots$$

となるので，式の両辺に $-\pi^2$ を掛ければ

$$1 + \frac{1}{2^2} + \frac{1}{3^2} + \frac{1}{4^2} + \cdots = \frac{\pi^2}{6}$$

が得られるのである．この式は，後のリーマンによるゼータ関数の記号 $\zeta(s)$ を用いて

$$\zeta(2) = \frac{\pi^2}{6}$$

と書き表される．今の場合は，べきを表す変数 s について，$s = 2$ としたときの例である．

また x^5 の係数を比較すると

$$\sum_{n_1<n_2}\frac{1}{n_1^2 n_2^2 \pi^4} = \frac{1}{5!}$$

となるので

$$\sum_{n_1=1}^{\infty}\frac{1}{n_1^2}\sum_{n_2=1}^{\infty}\frac{1}{n_2^2} = \sum_{n_1>n_2}\frac{1}{n_1^2 n_2^2} + \sum_{n_1<n_2}\frac{1}{n_1^2 n_2^2} + \sum_{n_1=n_2}\frac{1}{n_1^2 n_2^2}$$

$$= 2\sum_{n_1<n_2}\frac{1}{n_1^2 n_2^2} + \sum_{n=1}^{\infty}\frac{1}{n^4}$$

である．よって

$$\zeta(4) = \sum_{n=1}^{\infty}\frac{1}{n^4} = \sum_{n_1=1}^{\infty}\frac{1}{n_1^2}\sum_{n_2=1}^{\infty}\frac{1}{n_2^2} - 2\sum_{n_1<n_2}\frac{1}{n_1^2 n_2^2}$$

$$= \frac{\pi^2}{6}\cdot\frac{\pi^2}{6} - 2\cdot\frac{\pi^4}{5!} = \frac{\pi^4}{90}$$

が得られる．

オイラーはさらに $\zeta(6),\zeta(8),\cdots,\zeta(26)$ までのゼータ関数の値についても計算している．そのなかで，例えば $\zeta(8),\zeta(10)$ についてはつぎのようになる．

$$\zeta(8) = 1 + \frac{1}{2^8} + \frac{1}{3^8} + \frac{1}{4^8} + \cdots = \frac{\pi^8}{9450}$$

$$\zeta(10) = 1 + \frac{1}{2^{10}} + \frac{1}{3^{10}} + \frac{1}{4^{10}} + \cdots = \frac{\pi^{10}}{93555}$$

オイラーが考えた $\sin x$ に関する式は,無限積を表す記号 $\prod_{n=1}^{\infty}$ を用いて

$$\sin x = x \prod_{n=1}^{\infty} \left(1 - \frac{x^2}{n^2 \pi^2}\right)$$

と書き表される.右辺の記号 $\prod_{n=1}^{\infty}$ については

$$\prod_{n=1}^{\infty} \left(1 - \frac{x^2}{n^2 \pi^2}\right) = \left(1 - \frac{x^2}{1^2 \pi^2}\right) \left(1 - \frac{x^2}{2^2 \pi^2}\right) \left(1 - \frac{x^2}{3^2 \pi^2}\right) \cdots$$

のことである.

既に述べたように,$s = 1$ のときには $\zeta(s)$ は調和級数

$$1 + \frac{1}{2} + \frac{1}{3} + \frac{1}{4} + \cdots$$

となって発散する.

つぎに,$s > 1$ のときにはゼータ関数

$$\zeta(s) = \sum_{n=1}^{\infty} \frac{1}{n^s}$$

は収束する.これは以下のようにして示される.

$$\sum_{n=1}^{\infty} \frac{1}{n^s} = 1 + \sum_{n=2}^{\infty} \frac{1}{n^s} \le 1 + \sum_{n=2}^{\infty} \int_{n-1}^{n} x^{-s} dx = 1 + \int_{1}^{\infty} x^{-s} dx$$

$$= 1 + \lim_{K \to \infty} \int_{1}^{K} x^{-s} dx = 1 + \frac{1}{s-1}$$

したがって $\zeta(s)$ は $1 + \dfrac{1}{s-1}$ 以下であり,級数は収束することがわかる.

また

$$\sum_{n=1}^{\infty} \frac{1}{n^s} \ge \sum_{n=1}^{\infty} \int_{n}^{n+1} x^{-s} dx = \lim_{K \to \infty} \sum_{n=1}^{K} \int_{n}^{n+1} x^{-s} dx$$

$$= \lim_{K \to \infty} \int_1^{K+1} x^{-s} dx = \frac{1}{s-1}$$

となる. 以上から

$$\frac{1}{s-1} \leq \zeta(s) \leq 1 + \frac{1}{s-1}$$

すなわち

$$1 \leq (s-1)\zeta(s) \leq (s-1) + 1$$

であり, ここで $s \to 1+0$ とすれば

$$\lim_{s \to 1+0} (s-1)\zeta(s) = 1$$

となることが示される.

$s \to 1$ のとき $(s-1)\zeta(s)$ は $0 \times \infty$ となって不定形のようにも思われるが, 上の式は, このときの極限値はちょうど 1 になるということを示している.

レオンハルト・オイラー (Leonhard Euler) は 1707 年にスイスのバーゼルの近郊で生まれた. 彼は 1783 年に亡くなるまでの間, 数学だけでなく, 音響学, 光学など自然科学の広い分野において研究をおこなっている. オイラーは膨大な量におよぶ数々の業績を残しているが, これらの業績は全集としてまとめられている. そのなかで, 数学については数論, 無限級数, 解析, 幾何, 対数などの分野に及んでいる. このように 18 世紀の偉大な数学者であったオイラーは, この本のなかで取り上げたものだけでも, 例えば $\sum_{n=1}^{\infty} \frac{1}{n^2} = \frac{\pi^2}{6}$ などの無限級数についての研究をはじめ, オイラー積, ガンマ関数, オイラーの公式, オイラーの定数 γ, オイラー数 E_m, オイラー多項式, オイラー関数, オイラーの基準, オイラーの和公式など多数の項目にわたっている.

1.2 オイラー積

$s > 1$ のとき, $\zeta(s)$ はオイラー積と呼ばれる無限積を用いて

$$\zeta(s) = \sum_{n=1}^{\infty} \frac{1}{n^s} = \prod_p \left(1 - \frac{1}{p^s}\right)^{-1}$$

と表される. 右辺の無限積の p はすべての素数 $(2, 3, 5, 7, 11, \cdots)$ にわたる. したがってこの $\Pi_p \left(1 - \dfrac{1}{p^s}\right)^{-1}$ は

$$\prod_p \left(1 - \frac{1}{p^s}\right)^{-1} = \left(1 - \frac{1}{2^s}\right)^{-1} \left(1 - \frac{1}{3^s}\right)^{-1} \left(1 - \frac{1}{5^s}\right)^{-1} \left(1 - \frac{1}{7^s}\right)^{-1} \cdots$$

のことである.

例えば $s = 2$ のときには

$$1 + \frac{1}{2^2} + \frac{1}{3^2} + \frac{1}{4^2} + \cdots = \frac{1}{1 - \dfrac{1}{2^2}} \cdot \frac{1}{1 - \dfrac{1}{3^2}} \cdot \frac{1}{1 - \dfrac{1}{5^2}} \cdot \frac{1}{1 - \dfrac{1}{7^2}} \cdots.$$

と書き表される.

左辺はすべての自然数を 2 乗したときの逆数による無限級数であり, 他方で右辺はすべての素数の 2 乗の逆数を含む無限積である. これらが等号で結ばれているところが不思議であり, また神秘的に思われるところである.

無限級数とは異なり, 無限積は普段はあまり使われることがないかもしれないが, 本書においては頻出するので少し補足をしておきたい.

無限積の収束性に関して, つぎの定理が成り立つ.

定理 (無限積の収束性)　　無限積

$$\prod_{n=1}^{\infty} (1 + u_n)$$

は無限級数 $\sum_{n=1}^{\infty} |u_n|$ が収束するときに, 収束する. この場合, 無限積は絶対収束するという.

この定理は u_n の絶対値の和が収束すれば, 無限積 $\Pi_{n=1}^{\infty}(1 + u_n)$ は収束すると述べている.

無限級数についてもそうであるが, 無限積が発散するときにはあまり興味が無いといえよう.

1.2 オイラー積

そこで，上の定理を用いてオイラー積が収束することを見てみよう．

まず無限等比級数の和の公式からオイラー積は

$$\prod_{n=1}^{\infty} \frac{1}{1 - \dfrac{1}{p_n^s}} = \prod_{n=1}^{\infty} \left(1 + \frac{1}{p_n^s} + \frac{1}{p_n^{2s}} + \frac{1}{p_n^{3s}} + \cdots \right), \quad (s > 1)$$

と書き改められる．ここで定理における u_n は

$$u_n = \frac{1}{p_n^s} + \frac{1}{p_n^{2s}} + \frac{1}{p_n^{3s}} + \cdots = \frac{1}{p_n^s} \frac{1}{1 - \dfrac{1}{p_n^s}} = \frac{1}{p_n^s - 1} < \frac{2}{p_n^s}$$

を満たしており，また $u_n > 0$ である．なお最後の不等式は

$$\frac{2}{p_n^s} - \frac{1}{p_n^s - 1} = \frac{p_n^s - 2}{p_n^s(p_n^s - 1)} > 0$$

であることによる．よって和をとったとき

$$\sum_{n=1}^{\infty} u_n < \sum_{n=1}^{\infty} \frac{2}{p_n^s} < \sum_{n=1}^{\infty} \frac{2}{n^s} = 2\zeta(s)$$

である．

以上により $\sum_{n=1}^{\infty} u_n$ は収束するので，定理（無限積の収束性）によりオイラー積は収束することが示された．

オイラー積が $\zeta(s)$ に等しいことは，つぎのようにして示される．

例えば $\zeta(2)$ の場合では，無限級数の和の公式から

$$\left(1 - \frac{1}{2^2} \right)^{-1} \left(1 - \frac{1}{3^2} \right)^{-1} \left(1 - \frac{1}{5^2} \right)^{-1} \left(1 - \frac{1}{7^2} \right)^{-1} \cdots$$

$$= \left(1 + \frac{1}{2^2} + \frac{1}{2^{2\cdot2}} + \frac{1}{2^{2\cdot3}} + \cdots \right) \left(1 + \frac{1}{3^2} + \frac{1}{3^{2\cdot2}} + \frac{1}{3^{2\cdot3}} + \cdots \right)$$

$$\times \left(1 + \frac{1}{5^2} + \frac{1}{5^{2\cdot2}} + \frac{1}{5^{2\cdot3}} + \cdots \right) \cdots$$

$$= 1 + \frac{1}{2^2} + \frac{1}{3^2} + \frac{1}{2^{2\cdot2}} + \frac{1}{5^2} + \frac{1}{2^2} \cdot \frac{1}{3^2} + \cdots$$

$$= 1 + \frac{1}{2^2} + \frac{1}{3^2} + \frac{1}{4^2} + \frac{1}{5^2} + \frac{1}{6^2} + \cdots$$

となって無限級数で表される.

最後の式では,分母が小さい順に書いてある.そして例えば,この級数の第84項である $\dfrac{1}{84^2}$ は

$$\frac{1}{84^2} = \frac{1}{(2^2 \cdot 3 \cdot 7)^2} = \frac{1}{2^{2\cdot 2}} \times \frac{1}{3^2} \times 1 \times \frac{1}{7^2} \times 1 \times 1 \times \cdots$$

からも分かるように,無限積を展開したとき各積のなかのある項をとり,それらを掛けたものである.この場合,素因数分解の一意性(任意の整数は,素数の順序を除けばただ一通りの方法で素因数分解される)から,分母になる自然数は一度だけ現れて二度と現れることは無く,また現れることのない自然数は無いのである.今の場合,$\dfrac{1}{84^2}$ に関しこれ以外の素数を分母とする組合わせは無く,無限級数の項としてはただ一度だけ現れる.

つぎに $\zeta(2)$ のオイラー積の逆数をとった式

$$\left(1 - \frac{1}{2^2}\right)\left(1 - \frac{1}{3^2}\right)\left(1 - \frac{1}{5^2}\right)\left(1 - \frac{1}{7^2}\right)\cdots = \frac{6}{\pi^2}$$

について暫く考えてみよう.

この式を以下のように書き換える.

$$\left(1 - \left(\frac{1}{2}\right)^2\right)\left(1 - \left(\frac{1}{3}\right)^2\right)\left(1 - \left(\frac{1}{5}\right)^2\right)\left(1 - \left(\frac{1}{7}\right)^2\right)\cdots = \frac{6}{\pi^2}$$

問題は上の式が意味するところである.結論としてはつぎのとおりである.

自然数を任意に二つ選ぶものとする.この2個の自然数 m, n が互いに素である確率 $P(E)$ は

$$P(E) = \frac{6}{\pi^2}$$

になる.

このことは,つぎのようにして説明される.ただし,ここでは以下をもとにしている.

ある事象 A が起こる確率 $P(A)$ に対して,余事象 $\overline{A}$ が起こる確率 $P(\overline{A})$ は

$$P(\overline{A}) = 1 - P(A)$$

である. また事象 A, 事象 B が互いに影響を及ぼさないとき, 事象 A が起こり, 事象 B も起こる確率 $P(A \cap B)$ は

$$P(A \cap B) = P(A)P(B)$$

である.

そこで m および n に関して, つぎのように考える.

m が素数 p で割り切れる確率, および n が素数 p で割り切れる確率はいずれも $\dfrac{1}{p}$ であり, よって m, n が共に p で割り切れる確率は $\left(\dfrac{1}{p}\right)^2$ となる. したがって m, n が共に p によって割り切れない確率は

$$1 - \left(\frac{1}{p}\right)^2$$

となる. 二つの異なる素数 p_i, p_j を考えたとき, m, n が共に p_i によって割り切れない, かつ共に p_j によっても割り切れない確率は

$$\left(1 - \left(\frac{1}{p_i}\right)^2\right)\left(1 - \left(\frac{1}{p_j}\right)^2\right)$$

となる.

どんな素数によっても m と n とが共には割り切れないとき, m, n は互いに素となる. したがって, このときの確率 $P_2(E)$ は

$$\begin{aligned} P_2(E) &= \left(1 - \left(\frac{1}{2}\right)^2\right)\left(1 - \left(\frac{1}{3}\right)^2\right)\left(1 - \left(\frac{1}{5}\right)^2\right)\left(1 - \left(\frac{1}{7}\right)^2\right)\cdots \\ &= \frac{6}{\pi^2} \end{aligned}$$

である.

一般的に, 任意に選んだ $k \, (\geq 2)$ 個のすべての自然数に対して, これらを共に割り切るいかなる素数も存在しない場合の確率 $P_k(E)$ は

$$P_k(E) = \frac{1}{\zeta(k)}$$

である. $\zeta(k)$ は k が大きくなるとその値は逓減し

$$\lim_{k \to \infty} \zeta(k) = 1$$

であるので，k が大きい場合には，上の式の確率 $P_k(E)$ は 1 に近いということになる．これは任意に多数の自然数を選ぶとき，どんな素数によってもこれらの全ての自然数が共に割り切れるということは殆ど無い，ということを意味しており，感覚的にも受け入れ易いことである．

ちなみに $\dfrac{1}{\zeta(2)}$ などの値を小数で書けば，順につぎのようになっている．

$$\frac{1}{\zeta(2)} = 0.6079 \cdots$$

$$\frac{1}{\zeta(3)} = 0.8319 \cdots$$

$$\frac{1}{\zeta(5)} = 0.9643 \cdots$$

$$\frac{1}{\zeta(10)} = 0.9990 \cdots$$

つぎに，上で見られる関数 $\dfrac{1}{\zeta(s)}$ について少しふれておく．ゼータ関数の逆数をとったこの式は

$$\begin{aligned}
\frac{1}{\zeta(s)} &= \left(1 - \frac{1}{2^s}\right)\left(1 - \frac{1}{3^s}\right)\left(1 - \frac{1}{5^s}\right)\left(1 - \frac{1}{7^s}\right)\cdots \\
&= 1 - \frac{1}{2^s} - \frac{1}{3^s} - \frac{1}{5^s} + \frac{1}{6^s} - \frac{1}{7^s} + \frac{1}{10^s} - \frac{1}{11^s} - \cdots \\
&= \sum_{n=1}^{\infty} \frac{\mu(n)}{n^s}
\end{aligned}$$

と書き表される．ここで $\mu(n)$ はメビウスの関数といわれ

$\mu(1) = 1$

n が異なる偶数個の素数の積の場合は $\mu(n) = 1$

n が異なる奇数個の素数の積の場合は $\mu(n) = -1$

n が平方数（$4, 9, \cdots$ など）の約数をもつ場合は $\mu(n) = 0$

となる関数である．

1.3 ゼータ関数の式変形から

この節においては，ゼータ関数をもとに派生して得られる無限級数のなかから，いくつかの例を見ることにしたい．これらの級数は，いずれも容易に得られるものばかりである．またその値はこれまでに述べた級数と同様，「有理数 $\times\pi$ のべき乗」で表される．

はじめに分母が偶数からなる級数を挙げる．

$$\frac{1}{2^k} + \frac{1}{4^k} + \frac{1}{6^k} + \frac{1}{8^k} + \cdots$$
$$= \frac{1}{2^k}\left(1 + \frac{1}{2^k} + \frac{1}{3^k} + \frac{1}{4^k} + \cdots\right) = \frac{1}{2^k}\zeta(k)$$

例えば $k = 2$ のときには

$$\frac{1}{2^2} + \frac{1}{4^2} + \frac{1}{6^2} + \frac{1}{8^2} + \cdots = \frac{1}{2^2}\zeta(2) = \frac{1}{4}\cdot\frac{\pi^2}{6} = \frac{\pi^2}{24}$$

となる．

つぎは分母が奇数からなる級数である．

$$1 + \frac{1}{3^k} + \frac{1}{5^k} + \frac{1}{7^k} + \cdots$$
$$= \left(1 + \frac{1}{2^k} + \frac{1}{3^k} + \frac{1}{4^k} + \cdots\right) - \left(\frac{1}{2^k} + \frac{1}{4^k} + \frac{1}{6^k} + \cdots\right)$$
$$= \zeta(k) - \frac{1}{2^k}\zeta(k) = \zeta(k)\frac{2^k - 1}{2^k}$$

例えば $k = 2$ のときには

$$1 + \frac{1}{3^2} + \frac{1}{5^2} + \frac{1}{7^2} + \cdots = \zeta(2)\frac{2^2 - 1}{2^2} = \frac{\pi^2}{6}\cdot\frac{3}{4} = \frac{\pi^2}{8}$$

となる．

以下は交代級数の例である．

$$1 - \frac{1}{2^k} + \frac{1}{3^k} - \frac{1}{4^k} + \cdots$$
$$= \left(1 + \frac{1}{2^k} + \frac{1}{3^k} + \frac{1}{4^k} + \cdots\right) - 2\left(\frac{1}{2^k} + \frac{1}{4^k} + \frac{1}{6^k} + \cdots\right)$$

14　第 1 章　ゼータ関数入門

$$= \zeta(k) - 2\frac{1}{2^k}\zeta(k) = \zeta(k)\frac{2^k - 2}{2^k}$$

例えば $k = 2$ のときには

$$1 - \frac{1}{2^2} + \frac{1}{3^2} - \frac{1}{4^2} + \cdots = \zeta(2)\frac{2^2 - 2}{2^2} = \frac{\pi^2}{6} \cdot \frac{2}{4} = \frac{\pi^2}{12}$$

となる.

　つぎに，L 関数と呼ばれる級数のなかから，いくつかの例を挙げておきたい．このうち，最初の級数においては分母の自然数が 3 の倍数である項は 0 であり，また 2 番目の例では，同じく 5 の倍数である項は 0 となっている.

$$1 - \frac{1}{2^3} + \frac{1}{4^3} - \frac{1}{5^3} + \frac{1}{7^3} - \frac{1}{8^3} + \cdots = \frac{4\pi^3}{81\sqrt{3}}$$

$$\left(1 - \frac{1}{2^2} - \frac{1}{3^2} + \frac{1}{4^2}\right) + \left(\frac{1}{6^2} - \frac{1}{7^2} - \frac{1}{8^2} + \frac{1}{9^2}\right) + \cdots = \frac{4\pi^2}{25\sqrt{5}}$$

$$1 - \frac{1}{5^3} + \frac{1}{7^3} - \frac{1}{11^3} + \frac{1}{13^3} - \frac{1}{17^3} + \frac{1}{19^3} - \cdots = \frac{\pi^3}{18\sqrt{3}}$$

　つぎは各項の絶対値は同じであるが，一部の項の符号が異なる二つの級数の例である.

$$1 - \frac{1}{3^3} + \frac{1}{5^3} - \frac{1}{7^3} + \frac{1}{9^3} - \frac{1}{11^3} + \frac{1}{13^3} - \frac{1}{15^3} + \cdots = \frac{\pi^3}{32}$$

$$1 + \frac{1}{3^3} - \frac{1}{5^3} - \frac{1}{7^3} + \frac{1}{9^3} + \frac{1}{11^3} - \frac{1}{13^3} - \frac{1}{15^3} + \cdots = \frac{3\pi^3}{64\sqrt{2}}$$

なお計算の過程など詳しくは第 11 章，第 12 章において説明する.

　続いて，自然数のべき乗の逆数の和であるゼータ関数を，積分の形で表すことについて考えてみたい．すなわち無限級数を，式変形により積分で表すことについての考察である.

　初めに，$\zeta(2)$ はつぎの積分で表される.

$$\zeta(2) = \int_0^\infty \frac{x}{e^x - 1}dx$$

1.3 ゼータ関数の式変形から 15

後に示すように，ガンマ関数 $\Gamma(s)$ は積分

$$\Gamma(s) = \int_0^\infty e^{-t} t^{s-1} dt, \quad (s > 0)$$

で定義されるが，この式をもとにして

$$\Gamma(s)\zeta(s) = \int_0^\infty \frac{x^{s-1}}{e^x - 1} dx$$

が導かれる．この式はゼータ関数についての文献ではしばしば見られる，基本的な式である．

そこで $s = 2$ とすると $\Gamma(2) = 1$ であることにより，今述べた $\zeta(2)$ を表す積分が得られる．

さらに $\zeta(2)$ については，二重積分による表示

$$\zeta(2) = \int_0^1 \int_0^1 \frac{1}{1-xy} dx dy$$

が成り立つ．

この式において，$\displaystyle\int_0^1 \int_0^1 \frac{1}{1-xy} dx dy = \int_0^1 \left(\int_0^1 \frac{1}{1-xy} dx \right) dy$ のことである．したがって積分を計算するためには，y を定数と考えて x についての積分 $\displaystyle\int_0^1 \frac{1}{1-xy} dx$ を先に求めればよい．そこで項別に積分すれば

$$\int_0^1 \int_0^1 \frac{1}{1-xy} dx dy = \int_0^1 \int_0^1 (1 + xy + x^2 y^2 + x^3 y^3 + \cdots) dx dy$$

$$= \int_0^1 \left(1 + \frac{y}{2} + \frac{y^2}{3} + \frac{y^3}{4} + \cdots \right) dy = 1 + \frac{1}{2^2} + \frac{1}{3^2} + \frac{1}{4^2} + \cdots$$

となることにより，積分は $\zeta(2)$ に等しくなることが示される．

同じようにして，つぎの積分表示が得られる．

$$\int_0^1 \int_0^1 \frac{1}{1+xy} dx dy = 1 - \frac{1}{2^2} + \frac{1}{3^2} - \frac{1}{4^2} + \cdots$$

$$\int_0^1 \int_0^1 \cdots \int_0^1 \frac{1}{1 - x_1 x_2 \cdots x_s} dx_1 dx_2 \cdots dx_s$$

$$= 1 + \frac{1}{2^s} + \frac{1}{3^s} + \frac{1}{4^s} + \cdots, \quad (s > 1)$$

16   第 1 章　ゼータ関数入門

このように無限級数であるゼータ関数が，単純で美しい形をもった積分で表されるところが面白いところである．

そして，つぎの積分表示もある．

$$-\int_0^1 \frac{\log(1-y)}{y}dy = 1 + \frac{1}{2^2} + \frac{1}{3^2} + \frac{1}{4^2} + \cdots$$

なぜなら前掲の $\zeta(2)$ の積分表示について

$$\int_0^1 \int_0^1 \frac{1}{1-xy}dxdy$$
$$= \int_0^1 \int_0^1 -\frac{1}{y}\left(\log(1-xy)\right)' dxdy = -\int_0^1 \frac{\log(1-y)}{y}dy$$

となるからである．

つぎに上の式において $y = 1-x$ とおくと $dy = -dx$ となるので，$\zeta(2)$ に関するもう一つの積分

$$-\int_0^1 \frac{\log(1-y)}{y}dy = -\int_0^1 \frac{\log x}{1-x}dx = 1 + \frac{1}{2^2} + \frac{1}{3^2} + \frac{1}{4^2} + \cdots$$

が得られる．

また

$$\int_0^1 \frac{\log(1+y)}{y}dy = 1 - \frac{1}{2^2} + \frac{1}{3^2} - \frac{1}{4^2} + \cdots$$

が成り立つ．この式も上と同じように

$$\int_0^1 \int_0^1 \frac{1}{1+xy}dxdy = \int_0^1 \frac{\log(1+y)}{y}dy$$

となることからわかる．

そして

$$\int_0^1 \int_0^1 \frac{1}{1-x^2y^2}dxdy$$
$$= \frac{1}{2}\int_0^1 \left(\int_0^1 \frac{1}{1+xy}dx + \int_0^1 \frac{1}{1-xy}dx\right)dy$$
$$= 1 + \frac{1}{3^2} + \frac{1}{5^2} + \frac{1}{7^2} + \cdots$$

が成り立つ.

つぎに $s > 1$ において $\zeta(s)$ は $[x]$ を用いた積分

$$\zeta(s) = s \int_1^\infty \frac{[x]}{x^{s+1}} dx$$

で表される. ただし $[x]$ はガウス記号（実数 x を超えない最大の整数）を表す. すなわち, n を整数として $n \leq x < n+1$ のとき $[x] = n$ である. このとき, 上で挙げた式の右辺はつぎのように変形される.

$$s \int_1^\infty \frac{[x]}{x^{s+1}} dx = \lim_{N \to \infty} s \int_1^N \frac{[x]}{x^{s+1}} dx = \lim_{N \to \infty} s \sum_{n=1}^{N-1} \int_n^{n+1} \frac{[x]}{x^{s+1}} dx$$

$$= \lim_{N \to \infty} s \sum_{n=1}^{N-1} \int_n^{n+1} \frac{n}{x^{s+1}} dx = \sum_{n=1}^\infty \left(\frac{n}{n^s} - \frac{n}{(n+1)^s} \right)$$

$$= \left(\frac{1}{1} - \frac{1}{2^s} \right) + \left(\frac{2}{2^s} - \frac{2}{3^s} \right) + \left(\frac{3}{3^s} - \frac{3}{4^s} \right) + \left(\frac{4}{4^s} - \frac{4}{5^s} \right)$$

$$= 1 + \frac{1}{2^s} + \frac{1}{3^s} + \frac{1}{4^s} + \cdots$$

以上により, 最初の式が成り立つことがわかる.

第2章

さまざまな無限級数

無限級数のなかには整った形で書かれ, 美しい式で表されるものが少なくない. 本章ではこのような綺麗な形の式のなかから, いくつかの例を取り上げることにしたい.

ライプニッツの級数とメルカトールの級数は古くから知られた美しい級数であり, 最初にこの二つの級数について説明する.

ゼータ関数から少し形を変えた "仲間" の級数では, 値の多くは π で表されるが, 対数で表されたり, 簡単な有理数で表されたりすることがある. このような級数のいくつかの例についても, 見ることにしたい.

続いて黄金比について説明する. この黄金比による無限級数も, やはり見栄えのある形で表されるのである.

2.1 ライプニッツの級数とメルカトールの級数

この節では有名な二つの級数, ライプニッツ (Leibniz) の級数とメルカトール (Mercator) の級数について見ることにする.

分母が奇数からなる交代級数

$$1 - \frac{1}{3} + \frac{1}{5} - \frac{1}{7} + \cdots = \frac{\pi}{4}$$

はライプニッツの級数とよばれ, その結果は π で表される美しい式である.

これに対して分母が整数で, 上の式と同じようにべきが1の交代級数

$$1 - \frac{1}{2} + \frac{1}{3} - \frac{1}{4} + \cdots = \log 2$$

はメルカトールの級数とよばれ, 結果が対数で表示される, とても神秘的な式である. ここでは π は現れないのである.

20 第 2 章 さまざまな無限級数

今挙げた二つの級数はつぎのようにして示される.

最初はライプニッツの級数についてである.

実数 x について

$$\frac{1}{1+x^2} = 1 - x^2 + 4^4 - \cdots + (-1)^n x^{2n} + R_n(x)$$

とおく．このとき等比級数の和の公式から

$$R_n(x) = \frac{1}{1+x^2} - \frac{1-(-x^2)^{n+1}}{1+x^2} = \frac{(-1)^{n+1} x^{2n+2}}{1+x^2}$$

となる.

つぎに，もとの式の両辺を 0 から 1 まで積分する．$x = \tan\theta$ とすれば $dx = \dfrac{1}{\cos^2\theta} d\theta$ なので，左辺は

$$\int_0^1 \frac{1}{1+x^2} dx = \int_0^{\pi/4} \frac{1}{1+\tan^2\theta} \frac{1}{\cos^2\theta} d\theta = \int_0^{\pi/4} d\theta = \frac{\pi}{4}$$

となる．また右辺は

$$\int_0^1 \left(1 - x^2 + 4^4 - \cdots + (-1)^n x^{2n} + R_n(x)\right) dx$$

$$= 1 - \frac{1}{3} + \frac{1}{5} - \cdots + (-1)^n \frac{1}{2n+1} + \int_0^1 R_n(x) dx$$

となる．さらに積分項について

$$\left| \int_0^1 R_n(x) dx \right| \leq \int_0^1 | R_n(x) | dx = \int_0^1 \frac{x^{2n+2}}{1+x^2} dx$$

$$\leq \int_0^1 x^{2n+2} dx = \frac{1}{2n+3}$$

であるが，ここで $n \to \infty$ とすれば $\dfrac{1}{2n+3} \to 0$ となる．よって

$$1 - \frac{1}{3} + \frac{1}{5} - \frac{1}{7} + \cdots = \frac{\pi}{4}$$

が示される.

なおこの級数は収束が遅いので，π の計算に適しているとはいえない.

2.1 ライプニッツの級数とメルカトールの級数   21

つぎは，メルカトールの級数についてであるが，この場合もライプニッツ
の級数と同様な方法により示される．

実数 x について

$$\frac{1}{1+x} = 1 - x + x^2 - x^3 + \cdots + (-1)^n x^n + R_n(x), \quad (x \neq -1)$$

$$R_n(x) = \frac{1}{1+x} - \frac{1-(-x)^{n+1}}{1+x} = \frac{(-1)^{n+1}x^{n+1}}{1+x}$$

とおき，両辺を 0 から 1 まで積分する．

左辺は

$$\int_0^1 \frac{1}{1+x}dx = \left[\log(1+x) \right]_0^1 = \log 2$$

となる．また右辺は

$$1 - \frac{1}{2} + \frac{1}{3} + \cdots + \frac{(-1)^n}{n+1} + \int_0^1 R_n(x)dx$$

となるが，積分項の絶対値について

$$\left| \int_0^1 R_n(x)dx \right| \leq \int_0^1 | R_n(x) | \, dx \leq \frac{1}{n+2}$$

であり，ここで $n \to \infty$ とすれば $\dfrac{1}{n+2} \to 0$ となる．

以上により

$$1 - \frac{1}{2} + \frac{1}{3} - \frac{1}{4} + \cdots = \log 2$$

が得られる．

以上のように，二つの級数はともに分母が整数の交代級数であるが，ライ
プニッツの級数は円周率 π で表され，これに対してメルカトールの級数は，
ネイピアの数 e を底とする自然対数 $\log 2$ で表される．

つぎの級数

$$1 - \frac{1}{2} + \frac{1}{4} - \frac{1}{5} + \frac{1}{7} - \frac{1}{8} + \frac{1}{10} - \cdots = \frac{\pi}{3\sqrt{3}}$$

は円周率で表されるが

$$1 - \frac{1}{3} - \frac{1}{5} + \frac{1}{7} + \frac{1}{9} - \frac{1}{11} - \frac{1}{13} + \frac{1}{15} + \cdots = \frac{1}{\sqrt{2}} \log(1 + \sqrt{2})$$

は対数で表される級数である.

ここで最後の式をライプニッツの級数

$$1 - \frac{1}{3} + \frac{1}{5} - \frac{1}{7} + \frac{1}{9} - \frac{1}{11} + \frac{1}{13} - \frac{1}{15} + \cdots = \frac{\pi}{4}$$

と比べると,各項の絶対値は同じであるが,一部の項の符号が異なるために,結果が π ではなく log で表されているのである.まるで "円周率 π の世界" での姿から "対数 log の世界" での姿に変身したかのようである.

ところで,級数によっては値が π と log の両方を用いて表される場合がある.

$$1 - \frac{1}{4} + \frac{1}{5} - \frac{1}{8} + \frac{1}{9} - \frac{1}{12} + \frac{1}{13} - \frac{1}{16} + \cdots = \frac{3}{4} \log 2 + \frac{\pi}{8}$$

はその一例である.

このように値が様々な形で表されるところが,無限級数に見られる面白いところである.

ライプニッツの級数およびメルカトールの級数に関して,補足して説明をする.

実は一般的な式があり,この二つの級数はそれぞれの式にある値を代入したときの特別な場合である.

初めに $N = 3, 4, 5, \cdots$ とするとき,値が π で表されるつぎの級数が成り立つ.

$$1 - \frac{1}{N-1} + \frac{1}{N+1} - \frac{1}{2N-1} + \frac{1}{2N+1} - \frac{1}{3N-1} + \cdots = \frac{\pi}{N} \cot \frac{\pi}{N}$$

実際,この式で $N = 4$ とおけばライプニッツの級数が得られる.

つぎに k を奇数($k = 1, 3, 5, \cdots$)とするとき,交代級数

$$1 - \frac{1}{3^k} + \frac{1}{5^k} - \frac{1}{7^k} + \cdots = \frac{\pi}{4^k (k-1)!} \frac{d^{k-1}}{dz^{k-1}} \cot \pi z \mid_{z=1/4}$$

が成り立つ．この級数の値は π で表されることが，右辺から読み取れる．この式において $k = 1$ とおけば，やはりライプニッツの級数が得られるのである．

そして $m = 2, 3, 4, \cdots$ とするとき，$\log m$ に関するつぎの式が成り立つ．

$$\sum_{n=1}^{\infty} \frac{\chi(n)}{n} = \log m$$

ただし $\chi(n)$ は

$$\chi(n) = \begin{cases} 1 - m & (n \equiv 0 \bmod m) \\ 1 & (n \not\equiv 0 \bmod m) \end{cases}$$

である．つまり n が m で割り切れる場合は $\chi(n) = 1 - m$，その他の場合は $\chi(n) = 1$ である．なおメルカトールの級数は，この式で $m = 2$ とおけば得られる．

これまでに述べたように，ライプニッツの級数およびメルカトールの級数はそれぞれが π または $\log$ という，全く"別の体系"に属している級数である．そして，それぞれの体系には一般的な公式があり，二つの級数は各公式における典型的な適用例ということになる．

なお，上の公式について，詳しくは後の章で取り上げることにする．

話はいささか飛ぶが，この $\log m$ は数論においては全く別の場面で現れることがある．

調和級数の第 m 部分和

$$S(m) = 1 + \frac{1}{2} + \frac{1}{3} + \cdots + \frac{1}{m}$$

の近似値は，$\log m$ を用いて

$$\log m + \gamma$$

で表される．この式は m が大きいほど精度が高くなる．なお γ はオイラーの定数 $\gamma = 0.577215\cdots$ である．

前に述べたように，m が大きくなるにしたがい $S(m)$ も大きくなるが，その度合はかなりゆるやかなものである．

24　　　　　　　　　　第 2 章　さまざまな無限級数

つぎは，素数についての話題である．

大きな数 m について考える．m より小さい範囲においては，ある素数から平均的には

$$\log m - 1$$

番目の整数が次の素数になる．m が大きくなると二つの素数の間隔は拡がるが，やはりその拡がる度合はかなりゆるやかなものである．これは，後で述べる素数定理から説明される．

$\gamma, 1$ は（小さい）定数なので，上で挙げた二つの式は，いずれの場合も $\log m$ で近似される．

参考までに，いくつかの $\log m$ の値を書けば，つぎのとおりである．

$$\log 2 = 0.693147\cdots$$
$$\log 5 = 1.609437\cdots$$
$$\log 10 = 2.302585\cdots$$
$$\log 100 = 4.605170\cdots$$
$$\log 1000 = 6.907755\cdots$$
$$\log 1000000 = 13.815510\cdots$$

2.2　分母が自然数の積からなる級数

各項の分子が 1 で分母が二つの自然数の積からなる，さまざまな無限級数の例を挙げることにする．それぞれの級数の結果の形に注目して見ていただきたい．

つぎの二つの級数の分母には自然数が順に現れ，値はいずれも $\log 2$ を用いて表される．

$$\frac{1}{1 \cdot 2} + \frac{1}{3 \cdot 4} + \frac{1}{5 \cdot 6} + \frac{1}{7 \cdot 8} + \frac{1}{9 \cdot 10} + \cdots = \log 2$$
$$\frac{1}{2 \cdot 3} + \frac{1}{4 \cdot 5} + \frac{1}{6 \cdot 7} + \frac{1}{8 \cdot 9} + \frac{1}{10 \cdot 11} + \cdots = 1 - \log 2$$

これに対して，以下の級数は二つの級数の和をとったものであるが，値は丁度 1 になっている．

2.2 分母が自然数の積からなる級数   25

$$\frac{1}{1 \cdot 2} + \frac{1}{2 \cdot 3} + \frac{1}{3 \cdot 4} + \frac{1}{4 \cdot 5} + \frac{1}{5 \cdot 6} + \cdots = 1$$

この級数は正項級数であるが，各項の絶対値が等しいつぎの交代級数の値は $\log 2$ を用いて表される．

$$\frac{1}{1 \cdot 2} - \frac{1}{2 \cdot 3} + \frac{1}{3 \cdot 4} - \frac{1}{4 \cdot 5} + \frac{1}{5 \cdot 6} - \cdots = 2\log 2 - 1$$

つぎの三つの級数の分母はいずれも奇数の積からなるものであり，値は円周率 π で書かれている．

$$\frac{1}{1 \cdot 3} + \frac{1}{5 \cdot 7} + \frac{1}{9 \cdot 11} + \frac{1}{13 \cdot 15} + \frac{1}{17 \cdot 19} + \cdots = \frac{\pi}{8}$$

$$\frac{1}{1 \cdot 3} - \frac{1}{3 \cdot 5} + \frac{1}{5 \cdot 7} - \frac{1}{7 \cdot 9} + \frac{1}{9 \cdot 11} - \cdots = -\frac{1}{2} + \frac{\pi}{4}$$

$$\frac{1}{3 \cdot 5} + \frac{1}{7 \cdot 9} + \frac{1}{11 \cdot 13} + \frac{1}{15 \cdot 17} + \frac{1}{19 \cdot 21} + \cdots = \frac{1}{2} - \frac{\pi}{8}$$

上の 2 番目の級数の，各項の絶対値をとった正項級数の場合では，値は π を用いることなく簡単な有理数で表される．

$$\frac{1}{1 \cdot 3} + \frac{1}{3 \cdot 5} + \frac{1}{5 \cdot 7} + \frac{1}{7 \cdot 9} + \frac{1}{9 \cdot 11} + \cdots = \frac{1}{2}$$

つぎは，分母が偶数の積からなる級数の例である．

$$\frac{1}{2 \cdot 4} + \frac{1}{4 \cdot 6} + \frac{1}{6 \cdot 8} + \frac{1}{8 \cdot 10} + \frac{1}{10 \cdot 12} + \cdots = \frac{1}{4}$$

そして以下の級数が成り立つ．

$$\frac{1}{1 \cdot 1} + \frac{1}{2 \cdot 3} + \frac{1}{3 \cdot 5} + \frac{1}{4 \cdot 7} + \frac{1}{5 \cdot 9} + \cdots = 2\log 2$$

以下の二つの級数の分母には，3 の倍数は含まれていない．このときの値は π で書かれる．

$$\frac{1}{1 \cdot 2} + \frac{1}{4 \cdot 5} + \frac{1}{7 \cdot 8} + \frac{1}{10 \cdot 11} + \frac{1}{13 \cdot 14} + \cdots = \frac{\pi}{3\sqrt{3}}$$

$$\frac{1}{2 \cdot 4} + \frac{1}{5 \cdot 7} + \frac{1}{8 \cdot 10} + \frac{1}{11 \cdot 13} + \frac{1}{14 \cdot 16} + \cdots = \frac{1}{2} - \frac{\pi}{6\sqrt{3}}$$

そして，つぎは値が $\log 3$ となる級数である．

$$\frac{2}{1 \cdot 3} + \frac{1}{2 \cdot 3} + \frac{2}{4 \cdot 6} + \frac{1}{5 \cdot 6} + \frac{2}{7 \cdot 9} + \frac{1}{8 \cdot 9} + \cdots = \log 3$$

また $\log 4$ を表す級数は，つぎのようになる．

$$\left(\frac{3}{1 \cdot 4} + \frac{2}{2 \cdot 4} + \frac{1}{3 \cdot 4} \right) + \left(\frac{3}{5 \cdot 8} + \frac{2}{6 \cdot 8} + \frac{1}{7 \cdot 8} \right) + \cdots = \log 4$$

このように，ネイピアの数 e を底とし自然数を真数とする数 $\log 2, \log 3,$ $\log 4, \cdots$ は，ある種の無限級数の形で書き表されるのである．

　これまでに挙げた例は，いずれも各項の分母が二つの自然数の積からなる無限級数である．しかしよく見ると，それらの結果は円周率 π または対数 $\log 2$ などにより表されたり，もしくは簡単な有理数で表されるのである．このように級数によって結果の現れる様子が異なっているところが不思議であり，興味のあるところでもある．

　上で挙げた多くの級数は，部分分数に分解するという方法によって導かれる．例えば

$$\frac{1}{1 \cdot 2} + \frac{1}{3 \cdot 4} + \frac{1}{5 \cdot 6} + \frac{1}{7 \cdot 8} + \frac{1}{9 \cdot 10} + \cdots$$
$$= \left(1 - \frac{1}{2} \right) + \left(\frac{1}{3} - \frac{1}{4} \right) + \left(\frac{1}{5} - \frac{1}{6} \right) + \left(\frac{1}{7} - \frac{1}{8} \right) + \cdots = \log 2$$

$$\frac{1}{1 \cdot 3} + \frac{1}{5 \cdot 7} + \frac{1}{9 \cdot 11} + \frac{1}{13 \cdot 15} + \frac{1}{17 \cdot 19} \cdots$$
$$= \frac{1}{2} \left(1 - \frac{1}{3} \right) + \frac{1}{2} \left(\frac{1}{5} - \frac{1}{7} \right) + \frac{1}{2} \left(\frac{1}{9} - \frac{1}{11} \right) + \frac{1}{2} \left(\frac{1}{13} - \frac{1}{15} \right) + \cdots$$
$$= \frac{1}{2} \left(1 - \frac{1}{3} + \frac{1}{5} - \frac{1}{7} + \frac{1}{9} - \cdots \right) = \frac{\pi}{2 \cdot 4}$$

などである．

　なお，値が $\dfrac{1}{2} - \dfrac{\pi}{8}$ および $\dfrac{1}{2} - \dfrac{\pi}{6\sqrt{3}}$ となる級数については，第 10 章で説明する．

　続いて，各項の分母が三つの自然数の積からなる級数の例を挙げる．いずれも部分分数に分解することで，分母が二つの自然数の積からなる級数に変

形されることから導かれる. 初めの二つの級数は分母が自然数の積からなる
場合であり，後の二つの級数は分母が奇数の積からなる場合である.

$$\frac{1}{1 \cdot 2 \cdot 3} + \frac{1}{2 \cdot 3 \cdot 4} + \frac{1}{3 \cdot 4 \cdot 5} + \frac{1}{4 \cdot 5 \cdot 6} + \cdots = \frac{1}{4}$$

$$\frac{1}{1 \cdot 2 \cdot 3} + \frac{1}{3 \cdot 4 \cdot 5} + \frac{1}{5 \cdot 6 \cdot 7} + \frac{1}{7 \cdot 8 \cdot 9} + \cdots = \log 2 - \frac{1}{2}$$

$$\frac{1}{1 \cdot 3 \cdot 5} + \frac{1}{3 \cdot 5 \cdot 7} + \frac{1}{5 \cdot 7 \cdot 9} + \frac{1}{7 \cdot 9 \cdot 11} + \cdots = \frac{1}{12}$$

$$\frac{1}{3 \cdot 5 \cdot 7} + \frac{1}{7 \cdot 9 \cdot 11} + \frac{1}{11 \cdot 13 \cdot 15} + \frac{1}{15 \cdot 17 \cdot 19} + \cdots = \frac{5}{24} - \frac{\pi}{16}$$

2.3 黄金比をもとに

ある線分を長短の二つに分割したとき（$b > a$ として，b と a とに分割し
たとき），その比率が元の線分と長い方の線分との比率に等しいとき，この
比率を黄金比という. すなわち

$$b : a = (a + b) : b$$

から

$$b^2 - ab - a^2 = 0$$

であり

$$\frac{b}{a} = \frac{1 + \sqrt{5}}{2}$$

となるが，これが黄金比である. たとえば一辺の長さが a の正五角形におい
て対角線の長さを b とすれば，上の式があてはまる.

2 次方程式

$$x^2 - x - 1 = 0$$

の一つの解は $\dfrac{1 + \sqrt{5}}{2}$ であるが，他の解は $\dfrac{1 - \sqrt{5}}{2} = -\left(\dfrac{1 + \sqrt{5}}{2}\right)^{-1}$ とな
る. このとき，黄金比を記号 ϕ を用いて表すと，二つの解は ϕ および $-\dfrac{1}{\phi}$
となる.

28　　　　　　　第 2 章　さまざまな無限級数

　黄金比は安定感のある調和のとれた数ともいわれ，日常生活のなかでもし
しばしば見出される．例えばテレビ，パソコン，名刺，手帳などの長方形の
横，縦の比は黄金比に近い値となっている．

　ここで，黄金比の逆数 $\dfrac{\sqrt{5}-1}{2}$ による，美しい無限級数の例を挙げておき
たい．

$$1 - \left(\frac{\sqrt{5}-1}{2}\right) + \left(\frac{\sqrt{5}-1}{2}\right)^2 - \left(\frac{\sqrt{5}-1}{2}\right)^3 + \cdots = \frac{\sqrt{5}-1}{2}$$

$$\left(\frac{\sqrt{5}-1}{2}\right) + \left(\frac{\sqrt{5}-1}{2}\right)^2 + \left(\frac{\sqrt{5}-1}{2}\right)^3 + \cdots = \left(\frac{\sqrt{5}-1}{2}\right)^{-1}$$

$$\left(\frac{\sqrt{5}-1}{2}\right) + \left(\frac{\sqrt{5}-1}{2}\right)^3 + \left(\frac{\sqrt{5}-1}{2}\right)^5 + \left(\frac{\sqrt{5}-1}{2}\right)^7 + \cdots = 1$$

$$\left(\frac{\sqrt{5}-1}{2}\right)^2 + \left(\frac{\sqrt{5}-1}{2}\right)^3 + \left(\frac{\sqrt{5}-1}{2}\right)^4 + \left(\frac{\sqrt{5}-1}{2}\right)^5 + \cdots = 1$$

初項が a，公比が $r(r \neq 0, |r| < 1)$ の無限等比級数の和 S は

$$S = \frac{a}{1-r}$$

となること，および $\phi^2 = \phi + 1$ であることを用いれば，上に挙げた式の成
り立つことが容易に示される．いずれも $\dfrac{\sqrt{5}-1}{2}$ またはその逆数を用いて書
かれた級数であることに，注目したいところである．

　黄金比に関する数式のなかには，美しい式やエキゾチックな式などで書き
表されることがある．そのなかから，いくつかの例を挙げておきたい．
　黄金比とそのべき乗を小数で表すと

$$\frac{1+\sqrt{5}}{2} = 1.618033988\cdots$$

$$\left(\frac{1+\sqrt{5}}{2}\right)^2 = 2.618033988\cdots$$

$$\left(\frac{1+\sqrt{5}}{2}\right)^{-1} = 0.618033988\cdots$$

となるが，これらの数の小数部分は等しい．またつぎの式が成り立つ．

$$(1.618033988\cdots) \times (0.618033988\cdots) = 1$$
$$(2.618033988\cdots) \times (0.618033988\cdots) = 1.618033988\cdots$$

実数 x の小数部分を $\{x\}$ で表すと，以下が成り立つ．

n が奇数であれば ϕ の n 乗および ϕ の $-n$ 乗の，それぞれの小数部分は等しい．式では

$$\left\{\left(\frac{1+\sqrt{5}}{2}\right)^n\right\} = \left\{\left(\frac{1+\sqrt{5}}{2}\right)^{-n}\right\}$$

となる．また n が偶数であれば，それらの和は 1 になる．式では

$$\left\{\left(\frac{1+\sqrt{5}}{2}\right)^n\right\} + \left\{\left(\frac{1+\sqrt{5}}{2}\right)^{-n}\right\} = 1$$

と書き表される．

さらに黄金比は 1 だけからなる，つぎのエレガントな連分数で表される．

$$\frac{1+\sqrt{5}}{2} = 1 + \cfrac{1}{1 + \cfrac{1}{1 + \cfrac{1}{1 + \cdots}}}$$

つぎに，任意の数 $a(>-1)$ に 1 を加えて平方根を求め，さらに 1 を加えて平方根を求める．そしてこの操作を繰り返すものとする．このときの数列

$$\sqrt{1+a}, \quad \sqrt{1+\sqrt{1+a}}, \quad \sqrt{1+\sqrt{1+\sqrt{1+a}}}, \quad \cdots\cdots$$

の極限は黄金比 $\dfrac{1+\sqrt{5}}{2}$ である．

このことは電卓を使って簡単に確かめることができる．

実際に黄金比については多重根号によるつぎの式が成り立つ．

$$\sqrt{1+\sqrt{1+\sqrt{1+\cdots}}} = \frac{1+\sqrt{5}}{2}$$

これに関連し，数列 $\{a_n\}$ が漸化式

$$a_{n+1} = \sqrt{1 + a_n} \quad (a_1 > -1)$$

を満たすとき $\lim_{n \to \infty} a_n$ は収束し，極限は方程式

$$x = \sqrt{1 + x}, \quad (x \geq 0)$$

の解

$$x = \frac{1 + \sqrt{5}}{2}$$

で与えられる．

2.4 級数の収束条件

数列 $\{a_n\}$ の最初の n 項の和

$$S_n = a_1 + a_2 + a_3 + \cdots + a_n$$

を第 n 部分和という．この S_n について，有限の値 S があり

$$\lim_{n \to \infty} S_n = S$$

が成り立てば，無限級数 $\sum_{n=1}^{\infty} a_n$ は S に収束するといい

$$\sum_{n=1}^{\infty} a_n = S$$

で表す．これに対して，$n \to \infty$ のとき S_n が収束しない場合には無限級数 $\sum_{n=1}^{\infty} a_n$ は発散するという．例えば $n \to \infty$ のとき $S_n \to \infty$ であれば級数は発散する．

つぎの無限級数の和については，よく知られているところである．

初項が a，公比が $r(\neq 0)$ の無限等比級数

$$\sum_{n=1}^{\infty} ar^{n-1} = a + ar + ar^2 + \cdots + ar^{n-1} + \cdots$$

は $|r| < 1$ のとき収束し，その和 S は

$$S = \frac{a}{1 - r}$$

である. $|r| \geq 1$ のときには級数は発散する.

以下は級数の収束性に関する基本的な定理である.

定理（収束する二つの級数）　二つの無限級数が収束して，$\sum_{n=1}^{\infty} a_n = A$, $\sum_{n=1}^{\infty} b_n = B$ になるものとする.

このとき各項の和をとったときの無限級数 $\sum_{n=1}^{\infty} (a_n + b_n)$ は収束し，つぎの式が成り立つ. ここで c は定数である.

(1) $\sum_{n=1}^{\infty} (a_n + b_n) = \sum_{n=1}^{\infty} a_n + \sum_{n=1}^{\infty} b_n = A + B$

(2) $\sum_{n=1}^{\infty} c a_n = c \sum_{n=1}^{\infty} a_n = cA$

(3) $n \to \infty$ とすれば $a_n \to 0$, および $b_n \to 0$ である.（級数が収束するための必要条件）

無限級数 $\sum_{n=1}^{\infty} a_n$ の各項 a_n の絶対値をとった級数 $\sum_{n=1}^{\infty} |a_n|$ が収束するとき，もとの級数 $\sum_{n=1}^{\infty} a_n$ は絶対収束（absolute convergence）という. これに対し $\sum_{n=1}^{\infty} a_n$ は収束するが $\sum_{n=1}^{\infty} |a_n|$ は収束しないとき，もとの級数 $\sum_{n=1}^{\infty} a_n$ は条件収束（conditional convergence）するという.

絶対収束する級数の項の順序を変えても級数は収束し，その和は変わらない. つまり結果は同じである. 条件収束は一般的には交代級数においてみられる. この場合，和の順序を変更すると収束性に影響を与えることがある. 有名な例としてメルカトールの級数があげられる.

級数

$$1 - \frac{1}{2} + \frac{1}{3} - \frac{1}{4} + \frac{1}{5} - \frac{1}{6} + \frac{1}{7} - \frac{1}{8} + \frac{1}{9} - \cdots = \log 2$$

の両辺に $\dfrac{1}{2}$ を掛けると

$$\frac{1}{2} - \frac{1}{4} + \frac{1}{6} - \frac{1}{8} + \frac{1}{10} - \frac{1}{12} + \frac{1}{14} - \frac{1}{16} + \frac{1}{18} - \cdots = \frac{1}{2} \log 2$$

となる. 二つの式の和をとれば，上の式の 4 項と下の式の 2 項を順に足し合わせるようにして

$$\left(1 - \frac{1}{2} + \frac{1}{2} - \frac{1}{4} + \frac{1}{3} - \frac{1}{4}\right) + \left(\frac{1}{5} - \frac{1}{6} + \frac{1}{6} - \frac{1}{8} + \frac{1}{7} - \frac{1}{8}\right) + \cdots = \frac{3}{2} \log 2$$

となる. この式は以下のように書き改められる.

$$1 + \frac{1}{3} - \frac{1}{2} + \frac{1}{5} + \frac{1}{7} - \frac{1}{4} + \frac{1}{9} + \frac{1}{11} - \frac{1}{6} + \frac{1}{13} + \cdots = \frac{3}{2}\log 2$$

もうひとつの例を見てみよう.

両辺に $\frac{1}{2}$ を乗じた式について奇数番の項を二つに分け,つぎのように書き換える.

$$\left(1 - \frac{1}{2}\right) - \frac{1}{4} + \left(\frac{1}{3} - \frac{1}{6}\right) - \frac{1}{8} + \left(\frac{1}{5} - \frac{1}{10}\right) - \frac{1}{12} + \cdots = \frac{1}{2}\log 2$$

カッコを外せば以下の式が得られる.

$$1 - \frac{1}{2} - \frac{1}{4} + \frac{1}{3} - \frac{1}{6} - \frac{1}{8} + \frac{1}{5} - \frac{1}{10} - \frac{1}{12} + \cdots = \frac{1}{2}\log 2$$

今得られた二つの式を,元のメルカトールの級数と比較すれば分かるように,項の順序が変更されていることにより,その結果は $\log 2$ とはならないのである.

すなわち値が $\frac{3}{2}\log 2$ となる級数においては,符号がマイナスの項は後に移っているのであり,これに対して,値が $\frac{1}{2}\log 2$ となる級数では,符号がプラスの項が後に移っていることが読み取れる.

第3章

ネイピアの数 e と円周率 π

ご存じのように，数学の文献において最も多く見られ，用いられる数のなかにネイピアの数 e と円周率 π がある．そこで章の初めの部分においては，このネイピアの数について述べることにする．続いて，テイラー展開についてふれたうえで，e を表す無限級数について説明することにしたい．なお常用対数は 10 を底とする対数であり，これに対して自然対数は e を底とする対数であることは良く知られている．

続いて円周率 π について述べる．この π の値を求めるために，昔からさまざまな方法が考えられてきた．そこで有名なマチンの公式など，これらの例について見ることにしたい．また π は無限級数，無限積などの様々な式で書き表されるのであるが，これらの多くはシンプルで見栄えがあり，整った形で書き表されることが多い．そのような例についても紹介したい．

そして π, e および虚数単位 i を結ぶ数式については有名なオイラーの公式があるが，この公式をもとにしたいくつかの話題について取り上げることにする．

3.1 ネイピアの数 e について

ネイピアの数（Napier's number）e は極限値

$$e = \lim_{n \to \infty} \left(1 + \frac{1}{n}\right)^n$$

で定義される実数である．実際，ネイピアの数 e は

$$e = 2.718281828\cdots$$

となる無理数であることが知られている．

そして e に関しては，つぎの極限が成り立つ．

$$\lim_{n \to -\infty} \left(1 + \frac{1}{n}\right)^n = e$$

$$\lim_{h \to 0} \frac{e^h - 1}{h} = 1$$

また

$$\lim_{n \to \infty} \left(1 + \frac{x}{n}\right)^n = e^x$$

であるが，ネイピアの数 e はこの式で $x = 1$ としたときの特別な場合である．

e は自然対数の底として用いられるが，このとき $\log_e x$ を通常 $\log x$ と書く．もしくは $\ln x$ と書くこともある．

ネイピアの数 e は，オイラーによって用いられるようになった．自然対数を発見したのはネイピアであったが，e について数学的に確立したのがオイラーであったのである．

実数は有理数と無理数に分類される．

有理数は a, b を整数として，分数 $\dfrac{b}{a}, (a \neq 0)$ の形で書き表される．ここで整数 b はとくに $a = 1$ とした場合であり，これも有理数である．したがって有理数のなかには整数が含まれるが，小数のうちの有限小数および循環小数も有理数に含まれる．なお正の整数を自然数と呼んでいる．

無理数は循環しない無限小数のことで，例えば $\sqrt{2}, e$ および π がある．この場合，無理数であることについては証明が必要である．

つぎに，e を底とする指数関数 $f(x) = e^x$ について考える．

$f(x)$ を連続して微分すると

$$f'(x) = e^x, \quad f''(x) = e^x, \quad \cdots, \quad f^{(k)}(x) = e^x$$

が成り立つ．つまり $f(x) = e^x$ は，$f^{(k)}(x)$ が $f(x)$ に等しいという唯一の関数である．ここで $f^{(k)}(x)$ は $f(x)$ を k 回連続微分したときの，k 階の導関数のことである．

そして e^x は

$$e^x = 1 + x + \frac{1}{2!}x^2 + \frac{1}{3!}x^3 + \cdots$$

とテイラー展開される.

テイラー展開 (Taylor expansion) は以降において頻出するので,ここで簡単に説明しておきたい.

関数 $f(x)$ が $x = 0$ を含むある区間において,連続して n 回の微分が可能であるものとする.このとき,区間内の x に対して $\theta(0 < \theta < 1)$ があって

$$f(x) = \sum_{k=0}^{n-1} \frac{f^{(k)}(0)}{k!}x^k + R_n$$

と書き表される.R_n は n 次以上となる剰余項で

$$R_n = \frac{f^{(n)}(\theta x)}{n!}x^n$$

であるが

$$\lim_{n \to \infty} R_n = 0$$

なら

$$f(x) = \sum_{k=0}^{\infty} \frac{f^{(k)}(0)}{k!}x^k$$
$$= f(0) + \frac{f^{(1)}(0)}{1!}x + \frac{f^{(2)}(0)}{2!}x^2 + \frac{f^{(3)}(0)}{3!}x^3 + \cdots$$

が成り立つ.これをテイラー展開という.また今の場合,特にマクローリン展開ということがある.

実際 $f(x) = e^x$ のテイラー展開は,$f^{(k)}(x) = e^x$ であることにより

$$e^x = \frac{e^0}{0!}x^0 + \frac{e^0}{1!}x^1 + \frac{e^0}{2!}x^2 + \frac{e^0}{3!}x^3 + \frac{e^0}{4!}x^4 \cdots$$
$$= 1 + x + \frac{1}{2!}x^2 + \frac{1}{3!}x^3 + \frac{1}{4!}x^4 + \cdots$$

となる.

一般的に,$f(x)$ の a のまわりのテイラー展開はつぎのように表される.

$$f(x) = \sum_{k=0}^{\infty} \frac{f^{(k)}(a)}{k!}(x-a)^k$$

したがって，これまでに見てきた式は $a = 0$，つまり原点のまわりでのテイラー展開を表したものである

関数の項から成る級数のうち，特に $\sum_{n=1}^{\infty} a_n x^n$ の形となるものをべき級数という．e^x のテイラー展開はその一例である．

べき級数 $\sum_{n=1}^{\infty} a_n x^n$ の収束については，以下のいずれかが成り立つ．

(1) 0 以外の x に対して発散する．

(2) ある正の数 r があって，$|x| < r$ である x に対しては収束し，$|x| > r$ である x に対しては発散する．（$|x| = r$ のときには，収束性が定まらない場合がある．）

(3) すべての x に対して収束する．

このとき (2) の r を級数 $\sum_{n=1}^{\infty} a_n x^n$ の収束半径という．(1) の収束半径は 0($r = 0$) であり，(3) の収束半径は無限大 ($r = \infty$) である．

べき級数の収束半径 r に関しては，ダランベール（d'Alembert）による収束の判定，およびコーシー・アダマール（Cauchy-Hadamard）による収束の判定が知られている．

定理（ダランベールによる収束の判定）　べき級数 $\sum_{n=1}^{\infty} a_n x^n$ において

$$\lim_{n \to \infty} \left| \frac{a_n}{a_{n+1}} \right| = r$$

であれば，収束半径は r で与えられる．

定理（コーシー・アダマールによる収束の判定）　べき級数 $\sum_{n=1}^{\infty} a_n x^n$ において

$$\lim_{n \to \infty} \frac{1}{\sqrt[n]{|a_n|}} = r$$

であれば，収束半径は r で与えられる．

例えば前述の e^x の級数展開

$$e^x = \sum_{n=0}^{\infty} \frac{1}{n!} x^n$$

について，収束半径 r はダランベールによる収束の判定により

$$r = \lim_{n \to \infty} \left| \frac{(n+1)!}{n!} \right| = \lim_{n \to \infty} (n+1) = \infty$$

である．

以下に，よく用いられるテイラー展開の例を挙げておきたい．

$$\frac{1}{1-x} = 1 + x + x^2 + x^3 + x^4 + \cdots, \quad (-1 < x < 1)$$

$$\sin x = x - \frac{x^3}{3!} + \frac{x^5}{5!} - \frac{x^7}{7!} + \cdots$$

$$\cos x = 1 - \frac{x^2}{2!} + \frac{x^4}{4!} - \frac{x^6}{6!} + \cdots$$

$$\log(1+x) = x - \frac{x^2}{2} + \frac{x^3}{3} - \frac{x^4}{4} + \cdots, \quad (-1 < x \le 1)$$

この式において x の符号を変えれば

$$-\log(1-x) = x + \frac{x^2}{2} + \frac{x^3}{3} + \frac{x^4}{4} + \cdots, \quad (-1 \le x < 1)$$

となる．

最後の二つのべき級数は収束半径 r について $r = 1$ となる例であり，$|x| < 1$ ではいずれの級数も収束するが，$|x| = 1$ においては，収束する場合と収束しない場合とがあるので注意が必要である．

ネイピアの数 e は，美しい無限級数で表されることがある．いくつかの例を挙げておこう．

e^x のテイラー展開

$$e^x = 1 + x + \frac{1}{2!} x^2 + \frac{1}{3!} x^3 + \cdots$$

に $x = 1$ を代入すると以下の式が現れる．

$$e = 1 + \frac{1}{1!} + \frac{1}{2!} + \frac{1}{3!} + \frac{1}{4!} + \frac{1}{5!} + \frac{1}{6!} + \frac{1}{7!} + \frac{1}{8!} + \frac{1}{9!} + \cdots$$

この級数は収束が速く，例えば右辺の第10項までを小数点以下7桁まで書けば

$$1 + 1 + 0.5 + 0.1666666 + 0.0416666 + 0.0083333$$
$$+ 0.0013888 + 0.0001984 + 0.0000248 + 0.0000027$$
$$= 2.7182812$$

となる．（実際，$e = 2.7182818\cdots$ である．）

つぎに e^x をテイラー展開した式において $x = -1$ を代入した場合には，つぎの交代級数が得られる．

$$1 - \frac{1}{1!} + \frac{1}{2!} - \frac{1}{3!} + \frac{1}{4!} - \frac{1}{5!} + \frac{1}{6!} - \cdots = \frac{1}{e}$$

そして e に関しては，さらに以下の無限級数が成り立つ．

$$1 + \frac{3^2}{3!} + \frac{5^2}{5!} + \frac{7^2}{7!} + \frac{9^2}{9!} + \cdots = e$$
$$\frac{2^2}{2!} + \frac{4^2}{4!} + \frac{6^2}{6!} + \frac{8^2}{8!} + \frac{10^2}{10!} + \cdots = e$$

これらの式はつぎのようにして導かれる．上の式から順番に

$$1 + \frac{3^2}{3!} + \frac{5^2}{5!} + \frac{7^2}{7!} + \cdots = 1 + \frac{3}{2!} + \frac{5}{4!} + \frac{7}{6!} + \cdots$$
$$= 1 + \left(\frac{2}{2!} + \frac{1}{2!}\right) + \left(\frac{4}{4!} + \frac{1}{4!}\right) + \left(\frac{6}{6!} + \frac{1}{6!}\right) + \cdots$$
$$= 1 + \left(\frac{1}{1!} + \frac{1}{2!}\right) + \left(\frac{1}{3!} + \frac{1}{4!}\right) + \left(\frac{1}{5!} + \frac{1}{6!}\right) + \cdots = e$$

$$\frac{2^2}{2!} + \frac{4^2}{4!} + \frac{6^2}{6!} + \frac{8^2}{8!} + \cdots = \frac{2}{1!} + \frac{4}{3!} + \frac{6}{5!} + \frac{8}{7!} + \cdots$$
$$= \left(1 + \frac{1}{1!}\right) + \left(\frac{3}{3!} + \frac{1}{3!}\right) + \left(\frac{5}{5!} + \frac{1}{5!}\right) + \left(\frac{7}{7!} + \frac{1}{7!}\right) + \cdots$$
$$= \left(1 + \frac{1}{1!}\right) + \left(\frac{1}{2!} + \frac{!}{3!}\right) + \left(\frac{1}{4!} + \frac{1}{5!}\right) + \left(\frac{1}{6!} + \frac{1}{7!}\right) + \cdots = e$$

このように各項 $\dfrac{n^2}{n!}$ の n が偶数または奇数のいずれの場合でも，級数の値が共に e となるところが面白いところである．

そしてこの二つの級数の和をとれば，以下の式が得られる．

$$1 + \frac{2^2}{2!} + \frac{3^2}{3!} + \frac{4^2}{4!} + \frac{5^2}{5!} + \cdots = 2e$$

3.2 円周率 π について

はじめに逆正接関数 $y = \tan^{-1} x$ を用いて，円周率 π を表す方法について説明しておきたい．

関数 $x = \tan y$ について $-\frac{\pi}{2} < y < \frac{\pi}{2}$ においては単調増加関数であるので，その逆関数である $y = \tan^{-1} x$ または $y = \arctan x$ が成り立つ．これが以降においてしばしば用いられる，逆正接関数と呼ばれるものである．

関数 $x = \sin y, \left(-\frac{\pi}{2} \leq y \leq \frac{\pi}{2}\right)$ および $x = \cos y, (0 \leq y \leq \pi)$ についても同様にそれぞれ $y = \sin^{-1} x$ または $y = \arcsin x$，および $y = \cos^{-1} x$ または $y = \arccos x$ が成り立つ．

例えば，$\tan \frac{\pi}{4} = 1$ なので

$$\tan^{-1} 1 = \frac{\pi}{4}$$

である．

ところで $\tan^{-1} x$ はつぎのように級数展開され，これをグレゴリー（Gregory）の級数という．

$$\tan^{-1} x = x - \frac{x^3}{3} + \frac{x^5}{5} - \frac{x^7}{7} + \cdots, \quad (\mid x \mid < 1)$$

$x = 1$ とおいた場合にも上の式は成り立つのであるが，これをライプニッツの級数と呼ばれることについては既に述べた．

$$\frac{\pi}{4} = 1 - \frac{1}{3} + \frac{1}{5} - \frac{1}{7} + \cdots$$

π の値を求めるために，マチン（Machin）の公式が用いられることがある．この公式は逆正接関数を用いて表され

$$\frac{\pi}{4} = 4 \tan^{-1} \frac{1}{5} - \tan^{-1} \frac{1}{239}$$

というものである.

そして，グレゴリーの級数において $x = \dfrac{1}{5}$，および $x = \dfrac{1}{239}$ としたときの式をマチンの公式に代入して，π の値を求めようとするものである.

$$\frac{\pi}{4} = 4\left(\frac{1}{5} - \frac{1}{3}\cdot\frac{1}{5^3} + \frac{1}{5}\cdot\frac{1}{5^5} - \frac{1}{7}\cdot\frac{1}{5^7} + \cdots\right)$$
$$- \left(\frac{1}{239} - \frac{1}{3}\cdot\frac{1}{239^3} + \frac{1}{5}\cdot\frac{1}{239^5} - \frac{1}{7}\cdot\frac{1}{239^7} + \cdots\right)$$

級数の収束は速く，実際に右辺の二つのカッコ内の式の，それぞれの第4項までを小数点以下9桁までを計算すると

$$4(0.2 - 0.002666666 + 0.000064000 - 0.000001828)$$
$$- (0.004184100 - 0.000000024 + 0.000000000 - 0.000000000)$$
$$= 4 \times 0.197395506 - 0.004184076 = 0.785397948$$

となり，したがって π の近似値として

$$4 \times 0.785397948 = 3.141591792$$

が得られる.

なお実際の π の値はつぎのとおりである.

$$\pi = 3.1415926535\cdots$$

マチンの公式のように，$\dfrac{\pi}{4}$ を逆正接関数を用いて表した多くの公式が知られているが，そのなかからいくつかの式を挙げておきたい.

オイラーによる公式には

$$\frac{\pi}{4} = \tan^{-1}\frac{1}{2} + \tan^{-1}\frac{1}{3}$$

および

$$\frac{\pi}{4} = 5\tan^{-1}\frac{1}{7} + 2\tan^{-1}\frac{3}{79}$$

がある．そしてストラスニッキ（Strassnitzky）は

$$\frac{\pi}{4} = \tan^{-1}\frac{1}{2} + \tan^{-1}\frac{1}{5} + \tan^{-1}\frac{1}{8}$$

で表し，またガウス（Gauss）は

$$\frac{\pi}{4} = 12 \tan^{-1} \frac{1}{18} + 8 \tan^{-1} \frac{1}{57} - 5 \tan^{-1} \frac{1}{239}$$

で表した．

　続いて，円周率 π を表す場合のさまざまな式，方法についてふれておく．前述のようにネイピアの数 e は

$$e = 1 + \frac{1}{1!} + \frac{1}{2!} + \frac{1}{3!} + \frac{1}{4!} + \cdots$$

のように級数展開されるが，この式の収束は速く，したがって e の近似値を得ることは，それ程難しいことではなかったかも知れない．ところが円周率 π については必ずしもそうではなく，そのため過去においては π の値を表すための多くの試みがなされてきた．美しい式の典型的な例としてはライプニッツの級数があり，そして収束の速い例としてはマチンの公式があった．

　ここでは無限級数，無限積など，π を表すさまざまな方法について改めて見ておくことにしたい．

　最初は以下の無限級数についてである．

$$1 - \frac{1}{3} \cdot \frac{1}{3^1} + \frac{1}{5} \cdot \frac{1}{3^2} - \frac{1}{7} \cdot \frac{1}{3^3} + \frac{1}{9} \cdot \frac{1}{3^4} - \cdots = \frac{\pi}{2\sqrt{3}}$$

グレゴリーの級数

$$\tan^{-1} x = x - \frac{x^3}{3} + \frac{x^5}{5} - \frac{x^7}{7} + \cdots$$

において $x = 1$ とおけばライプニッツの級数が得られた．そこで，この級数において $x = \dfrac{1}{\sqrt{3}}$ とすると，左辺について $\tan^{-1} \dfrac{1}{\sqrt{3}} = \dfrac{\pi}{6}$ なので，上の式が得られるのである．

　つぎはオイラーの公式

$$\frac{\pi}{4} = \tan^{-1} \frac{1}{2} + \tan^{-1} \frac{1}{3}$$

をもとにした場合についてである．グレゴリーの級数において $x = \dfrac{1}{2}$，および $x = \dfrac{1}{3}$ をこの公式に代入すると，π についての以下の級数が得られる．

$$\frac{\pi}{4} = \frac{1}{1}\left(\frac{1}{2} + \frac{1}{3}\right) - \frac{1}{3}\left(\frac{1}{2^3} + \frac{1}{3^3}\right) + \frac{1}{5}\left(\frac{1}{2^5} + \frac{1}{3^5}\right) - \cdots$$

そして，収束は遅いがシンプルな以下の級数がある．

$$\frac{\pi}{3\sqrt{3}} = 1 - \frac{1}{2} + \frac{1}{4} - \frac{1}{5} + \frac{1}{7} - \frac{1}{8} + \cdots$$

さらに円周率 π をネイピアの数 e のべきで表した，エキゾチックな式が成り立つ．

$$\pi = e^{\log 2 + \frac{1}{2}\frac{\zeta(2)}{2} + \frac{1}{2^3}\frac{\zeta(4)}{4} + \frac{1}{2^5}\frac{\zeta(6)}{6} + \cdots}$$

この式については，第 9 章において説明する．

つぎにヴィエト（Viète）による式

$$\frac{2}{\pi} = \frac{\sqrt{2}}{2} \cdot \frac{\sqrt{2+\sqrt{2}}}{2} \cdot \frac{\sqrt{2+\sqrt{2+\sqrt{2}}}}{2} \cdots$$

を挙げておきたい．右辺は多重根号を用いた無限積からなる式であるが，さらにいえば整数 2 だけを用いて書かれた，珍しい様相を呈したものとなっている．
この式は三角関数の 2 倍角の公式

$$\sin 2x = 2 \sin x \cos x$$

を応用して得られる

$$\frac{\sin x}{x} = \cos \frac{x}{2} \cos \frac{x}{2^2} \cos \frac{x}{2^3} \cdots \cos \frac{x}{2^n} \frac{\sin(x/2^n)}{x/2^n}$$

において $n \to \infty$ とし，さらに $x = \dfrac{\pi}{2}$ とおくことにより導かれる．
なおヴィエトによる式は

$$\sqrt{2 + \sqrt{2 + \sqrt{2 + \cdots}}} = 2$$

であることを示している．
さらに π については，つぎのウォリスの公式が成り立つ．

$$\frac{\pi}{2} = \frac{2 \cdot 2}{1 \cdot 3} \cdot \frac{4 \cdot 4}{3 \cdot 5} \cdot \frac{6 \cdot 6}{5 \cdot 7} \cdot \frac{8 \cdot 8}{7 \cdot 9} \cdots$$

この無限積は，17世紀中頃でのジョン・ウォリス（John Wallis）によるものである．

この式を示すためには，$\sin x$ についての無限積

$$\sin x = x \prod_{n=1}^{\infty} \left(1 - \frac{x^2}{n^2 \pi^2} \right)$$

を用いる．$x = \dfrac{\pi}{2}$ とすると

$$\frac{2}{\pi} = \prod_{n=1}^{\infty} \left(\frac{4n^2 - 1}{4n^2} \right)$$

となるので，この逆数をとるとウォリスの公式

$$\frac{\pi}{2} = \prod_{n=1}^{\infty} \frac{2n \cdot 2n}{(2n-1)(2n+1)} = \frac{2 \cdot 2}{1 \cdot 3} \cdot \frac{4 \cdot 4}{3 \cdot 5} \cdot \frac{6 \cdot 6}{5 \cdot 7} \cdot \frac{8 \cdot 8}{7 \cdot 9} \cdots$$

が得られる．

3.3 π と e および i の関係（オイラーの公式から）

x を実数，i を虚数単位（$i = \sqrt{-1}$）とすると

$$e^{ix} = \cos x + i \sin x$$

が成り立つ．これをオイラーの公式（Euler's formula）という．

e^x をテイラー展開した式において，x に ix を代入すると

$$
\begin{aligned}
e^{ix} &= 1 + \frac{ix}{1!} + \frac{(ix)^2}{2!} + \frac{(ix)^3}{3!} + \frac{(ix)^4}{4!} + \frac{(ix^5)}{5!} + \frac{(ix)^6}{6!} + \cdots \\
&= \left(1 - \frac{x^2}{2!} + \frac{x^4}{4!} - \frac{x^6}{6!} + \cdots \right) + i \left(\frac{x}{1!} - \frac{x^3}{3!} + \frac{x^5}{5!} - \frac{x^7}{7!} + \cdots \right) \\
&= \cos x + i \sin x
\end{aligned}
$$

となることにより，オイラーの公式が導かれる．

公式においてとくに $x = \pi$ とすると

44　　　　　第 3 章　ネイピアの数 e と円周率 π

$$e^{\pi i} = -1$$

が成り立つ．この式はネイピアの数（自然対数の底）e，円周率 π，虚数単位 i および実数 1 の間に成り立つ関係が一つの簡単な式で表されたもので，数学におけるもっとも美しい式のひとつであるといえよう．

オイラーの公式から，さらに

$$e^0 = 1$$
$$e^{\pi i/2} = i$$
$$e^{3\pi i/2} = -i$$
$$e^{2\pi i} = 1$$

などがわかる．また複素数 z に対し

$$e^{z+2\pi i} = e^z e^{2\pi i} = e^z$$

であり，関数 $f(z) = e^z$ は周期が $2\pi i$ の周期関数である．

$e^{\pi i/2} = i$ において両辺の i 乗をとると

$$i^i = e^{-\pi/2} = \frac{1}{\sqrt{e^\pi}}$$

となる．実際には n を整数とすると

$$i = e^{(4n+1)\pi i/2}$$

だから

$$i^i = e^{-(4n+1)\pi/2}$$

と表される．これにより i^i は実数であること，そして実数で表される値の数は無限にあることがわかる．

つぎにオイラーの公式

$$e^{ix} = \cos x + i \sin x$$

において x を $-x$ とおくと

$$e^{-ix} = \cos x - i \sin x$$

となる．これらの二つの式の和および差をとると

$$\cos x = \frac{e^{ix} + e^{-ix}}{2}$$

$$\sin x = \frac{e^{ix} - e^{-ix}}{2i}$$

が得られる．この式は以降においてしばしば用いられる．

また

$$\tan x = \frac{\sin x}{\cos x} = -i\frac{e^{ix} - e^{-ix}}{e^{ix} + e^{-ix}}$$

および

$$\cot x = \frac{1}{\tan x} = i\frac{e^{ix} + e^{-ix}}{e^{ix} - e^{-ix}}$$

であることもわかる．

第4章

ベルヌーイ数とゼータ関数

最初にベルヌーイ数 B_m について説明をする．このベルヌーイ数は，自然数のべき乗の有限和の計算に使われたのであるが，数論においてはしばしば用いられる重要な数である．

続いてこの章での主なテーマのひとつ，すなわち B_m を用いてゼータ関数の正の偶数での値を求めることについて述べることにしたい．

ベルヌーイ数 B_m は有理数であるが，実質的には分数で表されている．この章の後半においては，このベルヌーイ数を整数としては表されないのか，という問いに対して考察することにしたい．

このようにして得られる数 $\mathcal{B}_m^{(N)}$ を，新たなベルヌーイ数と呼ぶことにする．この新たなベルヌーイ数 $\mathcal{B}_m^{(N)}$ の種類はいくらでもあるが，これまでの B_m は実はそのなかの特別な場合である．

4.1　ベルヌーイ数 B_m とは

ベルヌーイ数は正の偶数でのゼータ関数の値を求める際など多くの場面において適用され，数論における重要な数のひとつに挙げられている．

そこで最初に，このベルヌーイ数について説明することにしたい．

ベルヌーイ数 B_m （Bernoulli numbers）は，べき級数

$$\frac{z}{e^z - 1} = \sum_{m=0}^{\infty} B_m \frac{z^m}{m!}, \quad (\mid z \mid < 2\pi)$$

を母関数とし $\dfrac{z^m}{m!}$ の係数として求められる．

この式から $B_0, B_1, B_2, \cdots$ を実際に求めてみよう．

e^z は

$$e^z = 1 + z + \frac{1}{2!}z^2 + \frac{1}{3!}z^3 + \cdots$$

とテイラー展開される．そこで母関数表示の式の両辺に $e^z - 1$ を乗じると

$$z = \left(z + \frac{1}{2!}z^2 + \frac{1}{3!}z^3 + \frac{1}{4!}z^4 + \cdots \right)$$
$$\times \left(B_0 + B_1 z + \frac{B_2}{2!}z^2 + \frac{B_3}{3!}z^3 + \cdots \right)$$

となる．ここで両辺の z の各べきの係数を比較する．

z の係数から

$$B_0 = 1$$

z^2 の係数から

$$B_1 + \frac{1}{2!}B_0 = 0$$

z^3 の係数から

$$\frac{1}{2!}B_2 + \frac{1}{2!}B_1 + \frac{1}{3!}B_0 = 0$$

z^4 の係数から

$$\frac{1}{3!}B_3 + \frac{1}{2!}\frac{1}{2!}B_2 + \frac{1}{3!}B_1 + \frac{1}{4!}B_0 = 0$$

これらの式から B_m の値を順に求めることができる．そのうちのいくつかを書けば，つぎのようになる．

$$B_0 = 1, \quad B_1 = -\frac{1}{2}, \quad B_2 = \frac{1}{6}, \quad B_3 = 0, \quad B_4 = -\frac{1}{30}$$
$$B_5 = 0, \quad B_6 = \frac{1}{42}, \quad B_7 = 0, \quad B_8 = -\frac{1}{30}, \quad \cdots$$

計算過程からわかるように，ベルヌーイ数は有理数（分母，分子が整数である分数をいう．整数は有理数に含まれる．）となる．また上の計算からわかるように，m が 3 以上の奇数の場合には B_m は 0 となる．

そこで，m が偶数の場合の B_m をもう少し書けば

$$B_{10} = \frac{5}{66}, \quad B_{12} = -\frac{691}{2730}, \quad B_{14} = \frac{7}{6}, \quad B_{16} = -\frac{3617}{510}$$

$$B_{18} = \frac{43867}{798}, \quad B_{20} = -\frac{174611}{330}, \quad B_{22} = \frac{854513}{138}, \quad \cdots$$

などとなる.

m が奇数のとき $B_m = 0$ となることは, 以下の方法によっても分かる.

定義式において $m = 1$ の場合の項 $-\dfrac{z}{2}$ を差し引くと, 左辺は

$$\frac{z}{e^z - 1} - \left(-\frac{z}{2}\right) = \frac{z}{2}\frac{e^z + 1}{e^z - 1}$$

となる. この式は, 右辺において z を $-z$ に置きかえても変わらないことから, 偶関数であることが確かめられる. これにより母関数の右辺は

$$B_0 + B_2\frac{z^2}{2!} + B_3\frac{z^3}{3!} + B_4\frac{z^4}{4!} + \cdots$$

となるが, この式が偶関数であるため, m が奇数のベルヌーイ数 B_m は B_1 を除いて 0 となることがわかる.

以上により

$$\frac{z}{2}\frac{e^z + 1}{e^z - 1} = \sum_{m=0}^{\infty} \frac{B_{2m}}{(2m)!}z^{2m}$$

が成り立つ. また, この式において z を $2z$ とおけば

$$z\frac{e^z + e^{-z}}{e^z - e^{-z}} = \sum_{m=0}^{\infty} \frac{B_{2m}}{(2m)!}(2z)^{2m}$$

が得られる. この式は後において用いられる.

ベルヌーイ数は, 1654 年にスイスのバーゼルで生まれたヤコブ・ベルヌーイ (Jakob Bernoulli) によるものである. 後でも述べるように, 自然数のべき乗の有限和についての問題の解決に向けて, 威力を発揮したのである.

しかしながらベルヌーイ数について歴史的に見た場合, 江戸時代の和算家, 関孝和による業績の方が早かったのである. そのため, 関・ベルヌーイ数と呼ばれることもあるが, 一般的にはベルヌーイ数と呼ばれ, 広く用いられるようになっている.

オイラーがベルヌーイ数を用いて, ゼータ関数の正の偶数での値を求めたことは有名である. その他, ベルヌーイ数は様々な級数展開の係数として現

50　　　　　　　　　第 4 章　ベルヌーイ数とゼータ関数

れたり，または式のなかで用いられており，数論においては重要な役割を
担っている.

なお，流体力学の分野における研究で著名なダニエル・ベルヌーイ（Daniel
Bernoulli）は，ヤコブの弟であるヨハン（Johann）の次男にあたる.

ところで関 孝和およびベルヌーイによるベルヌーイ数の定義は，つぎの
ようなものである．なおこれまでのベルヌーイ数 B_m と区別するため，ここ
では B_m^+ と書くことにする．後の章において，一つの式のなかで両方のベル
ヌーイ数を用いることがあるためである.

ベルヌーイ数 B_m^+ $(m = 0, 1, 2, \cdots)$ はつぎの式で定義される.

$$\sum_{k=0}^{m} \binom{m+1}{k} B_k^+ = m + 1$$

上で用いた記号 $\binom{m+1}{k}$ は $\dfrac{(m+1)!}{k!(m+1-k)!}$ のことである.

$m = 0, 1, 2, 3, 4, \cdots$ とおくと上の式は順に

$$B_0^+ = 1$$
$$B_0^+ + 2B_1^+ = 2$$
$$B_0^+ + 3B_1^+ + 3B_2^+ = 3$$
$$B_0^+ + 4B_1^+ + 6B_2^+ + 4B_3^+ = 4$$
$$B_0^+ + 5B_1^+ + 10B_2^+ + 10B_3^+ + 5B_4^+ = 5$$

となり，これらの式から B_m^+ の値が順に求められる.

$B_1^+ = \dfrac{1}{2}$ となることを除けば，B_m^+ はべき級数により定められる B_m と異
なるところはない．ただしゼータ関数の値などとの関係もあるので，以降で
はべき級数によるベルヌーイ数 B_m を用いることにする.

4.2　ゼータ関数の正の偶数での値を求める

ゼータ関数の正の偶数 $2m$ での値は，ベルヌーイ数 B_{2m} によって

$$\zeta(2m) = \frac{(-1)^{m-1}(2\pi)^{2m}}{2(2m)!} B_{2m}, \quad (m = 1, 2, 3, \cdots)$$

で表される．この式はオイラーにより初めて導入されたものである．

そこで，以下においてこの式を導くことにしたい．

$\cot z$ に関しては，これをを部分分数に分割する式

$$\cot z = \frac{1}{z} + \sum_{n=1}^{\infty} \frac{2z}{z^2 - n^2\pi^2}$$

が知られている．

上の式は $\sin z$ の無限積表示

$$\sin z = z \prod_{n=1}^{\infty} \left(1 - \frac{z^2}{n^2\pi^2}\right)$$

から導かれる．この無限積表示は，第1章で述べたようにオイラーが工夫を重ねて得たときの式と同じものである．

式の対数をとると

$$\log(\sin z) = \log z + \sum_{n=1}^{\infty} \log\left(1 - \frac{z^2}{n^2\pi^2}\right)$$

となるので，両辺を微分すれば最初に挙げた，$\cot z$ を部分分数に分割する式が得られる．この式を

$$\cot z = \frac{1}{z} + \sum_{n=1}^{\infty} \left(\frac{1}{z - n\pi} + \frac{1}{z + n\pi}\right)$$

と書き表すこともある．

つぎに $\cot z$ を部分分数に分割する式の両辺に z を掛けると

$$z\cot z = 1 - 2\sum_{n=1}^{\infty} \frac{z^2}{n^2\pi^2 - z^2} = 1 - 2\sum_{n=1}^{\infty} \frac{\left(\frac{z}{n\pi}\right)^2}{1 - \left(\frac{z}{n\pi}\right)^2}$$

$$= 1 - 2\sum_{n=1}^{\infty}\sum_{m=1}^{\infty} \left(\frac{z}{n\pi}\right)^{2m} = 1 - 2\sum_{m=1}^{\infty} \frac{\zeta(2m)}{\pi^{2m}}z^{2m}, \quad (\,|\,z\,|<\pi)$$

と式変形される．

他方で

$$\sin z = \frac{e^{iz} - e^{-iz}}{2i}, \quad \cos z = \frac{e^{iz} + e^{-iz}}{2}$$

なので，これらの式を用いて $z \cot z$ は

$$z \cot z = z \frac{\cos z}{\sin z} = iz \frac{e^{iz} + e^{-iz}}{e^{iz} - e^{-iz}} = \frac{2iz}{e^{2iz} - 1} + iz$$

となる．ここで，ベルヌーイ数の定義に関する式において z を $2iz$ とおくと

$$\frac{2iz}{e^{2iz} - 1} = \sum_{m=0}^{\infty} B_m \frac{(2iz)^m}{m!}$$

となるので，これを上の $z \cot z$ についての式に適用すれば，$B_0 = 1$，$B_1 = -\dfrac{1}{2}$ だから

$$z \cot z = \sum_{m=0}^{\infty} B_m \frac{(2iz)^m}{m!} + iz = 1 + \sum_{m=1}^{\infty} \frac{(-1)^m B_{2m} 2^{2m}}{(2m)!} z^{2m}$$

となる．なお最後の式では，$B_1 = -\dfrac{1}{2}$ を除き m が奇数のときには $B_m = 0$ であるので，B_{2m} だけ残ることを考慮している．

したがって，これまでに得られた $z \cot z$ に関する二つの式から，以下の等式が成り立つ．

$$1 - 2 \sum_{m=1}^{\infty} \frac{\zeta(2m)}{\pi^{2m}} z^{2m} = 1 + \sum_{m=1}^{\infty} \frac{(-1)^m B_{2m} 2^{2m}}{(2m)!} z^{2m}$$

ここで両辺の z^{2m} の係数を比較すると，目指す $\zeta(2m)$ についての式が導かれるのである．

なお，B_{2m} は有理数であり，式からも分かるように $\zeta(2m)$ は「有理数 $\times \pi^{2m}$」の形で表される．

ここで例を挙げる．$m = 1$ のときには $B_2 = \dfrac{1}{6}$ なので

$$\zeta(2) = \frac{(-1)^0 \cdot (2\pi)^2}{2 \cdot 2!} \cdot \frac{1}{6} = \frac{\pi^2}{6}$$

$m = 2$ のときには $B_4 = -\dfrac{1}{30}$ なので

$$\zeta(4) = \frac{(-1)^1 \cdot (2\pi)^4}{2 \cdot 4!} \cdot \left(-\frac{1}{30}\right) = \frac{\pi^4}{90}$$

となる．同じような計算により

$$\zeta(6) = \frac{\pi^6}{945}, \quad \zeta(8) = \frac{\pi^8}{9450}, \quad \zeta(10) = \frac{\pi^{10}}{93555}$$

などの値が得られる．

4.3 新たなベルヌーイ数 $\mathcal{B}_m^{(N)}$ とは

前節ではベルヌーイ数 B_m を取り上げたが，この節においては，B_m を一般項とする数列 $\{B_m\}, (m = 0, 1, 2, \cdots)$ について考えることから始めたい．

数列 $\{B_m\}$ を改めて書けば

$$1, -\frac{1}{2}, \frac{1}{6}, 0, -\frac{1}{30}, 0, \frac{1}{42}, 0, -\frac{1}{30}, 0, \frac{5}{66}, 0, -\frac{691}{2730}, 0, \frac{7}{6}, \cdots$$

となっている．

$\{B_m\}$ の一般項 B_m は，m が奇数のときは（B_1 を除き）$B_m = 0$ であり，また m が偶数のときは B_m は有理数である．そこでできる限り多くの項が整数となるように新たなベルヌーイ数を導入し，新しい数列を考えることにしたい．このことは本章におけるテーマのひとつでもある．

新たなベルヌーイ数 $\mathcal{B}_m^{(N)}$ を，べき級数

$$\frac{z^N}{e^z - 1} = \sum_{m=0}^{\infty} \mathcal{B}_m^{(N)} \frac{z^m}{m!}, \quad (|z| < 2\pi) \tag{4.1}$$

を母関数として定義する．ここで N は自然数である．

$N = 1, 2, 3, \ldots$ とおいたそれぞれの場合について両辺の z^m の係数を比較し，いくつかの $B_m^{(N)}$ の値を計算してみる．これについては前節で述べたような方法で求められる．そして得られた各項のうち，第 0 項（初項）から第 7 項，および第 17 項から第 21 項について抜き出して

$$\{\mathcal{B}_m^{(N)}\} = \Big\{ \quad \mathcal{B}_0^{(N)}, \mathcal{B}_1^{(N)}, \mathcal{B}_2^{(N)}, \mathcal{B}_3^{(N)}, \mathcal{B}_4^{(N)}, \mathcal{B}_5^{(N)}, \mathcal{B}_6^{(N)}, \mathcal{B}_7^{(N)}, \cdots$$
$$\cdots\cdots, \mathcal{B}_{17}^{(N)}, \mathcal{B}_{18}^{(N)}, \mathcal{B}_{19}^{(N)}, \mathcal{B}_{20}^{(N)}, \mathcal{B}_{21}^{(N)}, \cdots\cdots \quad \Big\}$$

と書けば，$N = 2, 3, 4$ の場合の各数列は以下のようになる．なお $N = 1$ の場合の $\mathcal{B}_m^{(1)}$ は，これまでのベルヌーイ数 B_m と同じである．

$$\{\mathcal{B}_m^{(2)}\} = \left\{ \quad 0, 1, -1, \frac{1}{2}, 0, -\frac{1}{6}, 0, \frac{1}{6}, \cdots \right.$$
$$\left. \cdots\cdots, -\frac{3617}{30}, 0, \frac{43867}{42}, 0, \frac{1222277}{110}, \cdots \quad \right\}$$

$$\{\mathcal{B}_m^{(3)}\} = \left\{ \quad 0, 0, 2, -3, 2, 0, -1, 0, \cdots \right.$$
$$\left. \cdots\cdots, 0, -\frac{10851}{5}, 0, \frac{438670}{21}, 0, \cdots \quad \right\}$$

$$\{\mathcal{B}_m^{(4)}\} = \left\{ \quad 0, 0, 0, 6, -12, 10, 0, -7, \cdots \right.$$
$$\left. \cdots\cdots, 4760, 0, -\frac{206169}{5}, 0, 438670, \cdots \quad \right\}$$

以上のとおり，数列によりいくつかの整数のベルヌーイ数 $\mathcal{B}_m^{(N)}$ が現れることが分かる．実際，$\{\mathcal{B}_m^{(N)}\}$ について

(1) 第 $N - 1$ 項に初めて 0 でない項が現れる．また N が増えると，0 となる項も増える．

(2) N を大きくとるにしたがって，整数となる項が増える．

ことが読み取れる．

新たなベルヌーイ数 $\mathcal{B}_m^{(N)}$ について，つぎの式が成り立つ．

数列 $\{\mathcal{B}_m^{(N)}\}$ の第 m 項 $\mathcal{B}_m^{(N)}$ と数列 $\{\mathcal{B}_m^{(N+1)}\}$ の第 $m+1$ 項 $\mathcal{B}_{m+1}^{(N+1)}$ の間には

$$(m + 1)\mathcal{B}_m^{(N)} = \mathcal{B}_{m+1}^{(N+1)} \tag{4.2}$$

が成り立つ．

これについては以下のようにして示される．

(4.1) の両辺に z を乗じ

$$\frac{z^{N+1}}{e^z - 1} = \sum_{m=0}^{\infty} \mathcal{B}_m^{(N)} \frac{z^{m+1}}{m!}$$

が得られる．また (4.1) において N を $N + 1$ に変更すると

$$\frac{z^{N+1}}{e^z - 1} = \sum_{m=0}^{\infty} \mathcal{B}_m^{(N+1)} \frac{z^m}{m!}$$

が得られる. これらの二つの式の右辺のそれぞれの z^{m+1} の項の係数は等しいので

$$\frac{\mathcal{B}_m^{(N)}}{m!} = \frac{\mathcal{B}_{m+1}^{(N+1)}}{(m+1)!}$$

となり, (4.2) が導かれる.

そして, いま得られた結果によれば, ベルヌーイ数 B_m と新たなベルヌーイ数 $\mathcal{B}_{m+j}^{(N+j)}$ の関係はつぎの式で表される.

$$\mathcal{B}_{m+j}^{(1+j)} = (m+j)(m+j-1)\cdots(m+1)B_m, \quad (j = 1, 2, \ldots) \qquad (4.3)$$

この式はつぎのようにして示される.

前で述べた (4.2) より

$$\mathcal{B}_{m+2}^{(N+2)} = (m+2)\mathcal{B}_{m+1}^{(N+1)} = (m+2)(m+1)\mathcal{B}_m^{(N)}$$
$$\mathcal{B}_{m+3}^{(N+3)} = (m+3)\mathcal{B}_{m+2}^{(N+2)} = (m+3)(m+2)(m+1)\mathcal{B}_m^{(N)}$$

となる. 同じ様に考えれば, 一般的に

$$\mathcal{B}_{m+j}^{(N+j)} = (m+j)(m+j-1)\cdots(m+1)\mathcal{B}_m^{(N)}$$

が成り立つことがわかる.

ここで $N = 1$ とおくと $\mathcal{B}_m^{(1)} = B_m$ だから (4.3) が導かれる.

(4.3) の式によれば, 新たなベルヌーイ数 $\mathcal{B}_{m+1}^{(1+j)}$ は有理数であるベルヌーイ数 B_m に自然数の積 $(m+j)(m+j-1)\cdots(m+1)$ を乗じたものであり, これによって $\mathcal{B}_{m+1}^{(1+j)}$ が整数となる可能性のあることがわかる. そこで, つぎに $\mathcal{B}_{m+1}^{(1+j)}$ が整数となる場合について調べてみよう. そのために, 予め有理数であるベルヌーイ数の分母について調べておきたい.

ベルヌーイ数の分母に関しては, フォンシュタウト (von Staudt) とクラウゼン (Clausen) により, それぞれ別個に定理が発表されている. それが

今日ではクラウゼン・フォンシュタウトの定理として知られているもので，これによれば，ベルヌーイ数の分母は明確に決められるということである.

クラウゼン・フォンシュタウトの定理（Clausen - von Staudt's theorem）ベルヌーイ数 B_{2m} は，ある整数 C_{2m} があって

$$B_{2m} = -\sum_{p-1|2m} \frac{1}{p} + C_{2m}$$

と書き表される．ただし和については $p-1$ が $2m$ の約数となる素数 p をわたる.（$p-1 \mid 2m$ は $p-1$ が $2m$ を割り切ることを表す.）

定理の意味するところを $B_{20} = -\dfrac{174611}{330}$ を例に，具体的に見てみよう.

分母を素因数に分解すると

$$330 = 2 \cdot 3 \cdot 5 \cdot 11$$

である．このときの B_{20} の添字 20 は，分母の素因数となるすべての素数 p に対し $p-1$ で割り切れる，つまり 20 は $2-1=1$，$3-1=2$，$5-1=4$ および $11-1=10$ で割り切れる．さらに 20 を割り切る $p-1$ は，これ以外にはあり得ないということである．そして B_{20} については整数 $C_{20} = -528$ があり

$$B_{20} = -\frac{174611}{330} = -\left(\frac{1}{2} + \frac{1}{3} + \frac{1}{5} + \frac{1}{11} \right) - 528$$

と書き表される，と定理は述べているのである.

以下においては，ベルヌーイ数 B_{2m} の分母の素因数について，定理をもとにして考えることにしたい.

$2-1 \mid 2m$ および $3-1 \mid 2m$ が常にいえるので，定理により素数 2，3 はベルヌーイ数 B_{2m} の分母の素因数として必ず含まれる．つまり，任意の B_{2m} の分母は 6 の倍数であることがわかる.

つぎにベルヌーイ数 B_{2m} の分母の素因数を p とすると，クラウゼン・フォンシュタウトの定理により自然数 k があって

$$k = \frac{2m}{p-1}$$

と書き表される. そこで B_{2m} の分母の素因数について, 素数 p_{2m+1}, p_{m+1}, p_k および p_{k-max} を以下のように定める.

$k = 1$ のとき上の式は $\dfrac{2m}{p-1} = 1$ であるが, このとき $2m+1$ が素数となる場合には, 素数 p_{2m+1} を

$$p_{2m+1} = 2m + 1, \quad (p_{2m+1} \geq 5)$$

と定める. また同じように $k = 2$ のとき $m+1$ が素数となる場合には, 素数 p_{m+1} を

$$p_{m+1} = m + 1, \quad (p_{m+1} \geq 5)$$

と定める. そして $k \geq 3$ のとき $\dfrac{2m}{k} + 1$ が素数となる場合には, 素数 p_k を

$$p_k = \frac{2m}{k} + 1$$

で定める. ただし, p_k には $2, 3$ 含まないものとする. とくに上の式を満たす k のなかで最も小さい k を k_{min} とすれば $k_{min} \geq 3$ であり, この場合の素数 p_{k-max} を

$$p_{k-max} = \frac{2m}{k_{min}} + 1$$

により定める.

なお, B_{2m} により, 分母の素因数として p_k, p_{k-max}, p_{m+1}, p_{2m+1} が含まれる場合と含まれない場合とがある. 例えば

$$B_{36} = -\frac{26315271553053477373}{1919190}$$

の場合では

$$1919190 = 2 \cdot 3 \cdot 5 \cdot 7 \cdot 13 \cdot 19 \cdot 37$$

と分解されるので, 分母の素因数は以下のようになる.

$$2, 3, \quad p_k = 5, 7, 13, (p_{k-max} = 13), \quad p_{m+1} = 19, \quad p_{2m+1} = 37$$

つぎにクラウゼン・フォンシュタウトの定理に関する式は, 分母の素因数によって以下の 7 種類の式に分類して書き換えられる. そして任意の B_{2m}

58　　　　　第 4 章　ベルヌーイ数とゼータ関数

は，これらの式のうちのいずれかに該当する.

$$B_{2m(1)} = -\left(\frac{1}{2} + \frac{1}{3}\right) + C_{2m(1)}$$

$$B_{2m(2)} = -\left\{\left(\frac{1}{2} + \frac{1}{3}\right) + \frac{1}{p_{2m+1}}\right\} + C_{2m(2)}$$

$$B_{2m(3)} = -\left\{\left(\frac{1}{2} + \frac{1}{3}\right) + \frac{1}{p_{m+1}}\right\} + C_{2m(3)}$$

$$B_{2m(4)} = -\left\{\left(\frac{1}{2} + \frac{1}{3}\right) + \sum_k \frac{1}{p_k}\right\} + C_{2m(4)}$$

$$B_{2m(5)} = -\left\{\left(\frac{1}{2} + \frac{1}{3}\right) + \sum_k \frac{1}{p_k} + \frac{1}{p_{2m+1}}\right\} + C_{2m(5)}$$

$$B_{2m(6)} = -\left\{\left(\frac{1}{2} + \frac{1}{3}\right) + \sum_k \frac{1}{p_k} + \frac{1}{p_{m+1}}\right\} + C_{2m(6)}$$

$$B_{2m(7)} = -\left\{\left(\frac{1}{2} + \frac{1}{3}\right) + \sum_k \frac{1}{p_k} + \frac{1}{p_{m+1}} + \frac{1}{p_{2m+1}}\right\} + C_{2m(7)} \quad (4.4)$$

ここで $C_{2m(1)}, \cdots, C_{2m(7)}$ は整数である.

例えば上で挙げた B_{36} は，$B_{2m(7)}$ に該当している.

そして，例えば B_{50} までのベルヌーイ数 $B_2, B_4, \cdots, B_{50}$ については，記号 { } を用いてつぎのように分類される.

$$\{B_{2m(1)}\} = \{B_2, B_{14}, B_{26}, B_{34}, B_{38}\}$$
$$\{B_{2m(2)}\} = \{B_4, B_6, B_{10}, B_{22}, B_{46}\}$$
$$\{B_{2m(3)}\} = \{B_8\}$$
$$\{B_{2m(4)}\} = \{B_{48}, B_{50}\}$$
$$\{B_{2m(5)}\} = \{B_{16}, B_{18}, B_{28}, B_{30}, B_{40}, B_{42}\}$$
$$\{B_{2m(6)}\} = \{B_{20}, B_{24}, B_{32}, B_{44}\}$$
$$\{B_{2m(7)}\} = \{B_{12}, B_{36}\}$$

なお

$$B_{2m} = -\left\{\left(\frac{1}{2} + \frac{1}{3}\right) + \frac{1}{p_{m+1}} + \frac{1}{p_{2m+1}}\right\} + C_{2m}$$

の形となる B_{2m} は存在しない. 実際，これについては，クラウゼン・フォンシュタウトの定理を用いて示される.

4.4 新たなベルヌーイ数の数列と $\zeta(2m)$ の値

ここでは，新たなベルヌーイ数 $\mathcal{B}_{2m+j}^{(1+j)}$ が整数となるときの条件について考えたい.

(4.3) から，$\mathcal{B}_{2m+j}^{(1+j)}$ は B_{2m} を用いてつぎのように表される.

$$\mathcal{B}_{2m+j}^{(1+j)} = (2m+j)(2m+j-1)\cdots(2m+1)B_{2m}, \quad (j = 1, 2, \cdots)$$

B_{2m} は前述のように 7 種類に分けられたが，例えば $B_{2m(7)}$ と関連する $\mathcal{B}_{2m+j}^{(1+j)}$ の場合は $C'_{2m(7)}$ を整数として

$$\mathcal{B}_{2m+j}^{(1+j)} = (2m+j)(2m+j-1)\cdots(2m+1)$$
$$\times \left\{ -\left(\frac{1}{2} + \frac{1}{3}\right) - \sum_k \frac{1}{p_k} - \frac{1}{p_{m+1}} - \frac{1}{p_{2m+1}} + C'_{2m(7)} \right\}$$
$$(4.5)$$

と書き換えられる．$B_{2m(1)}, B_{2m(2)}, \cdots, B_{2m(6)}$ の場合も同じような形で書くことができる.

(4.5) の式より，j を大きくすれば $\mathcal{B}_{2m+j}^{(1+j)}$ が整数となることが分かる．そこで $\mathcal{B}_{2m+j}^{(1+j)}$ を整数とするときの最も小さい j を考え，これを $J(2m)$ と書くことにする．このとき $J(2m)$ は B_{2m} の分母の素因数に，「(1)　p_k が含まれない場合」，および，「(2)　p_k が含まれる場合」，の二つに分けて考えれば，それぞれ以下のようになる.

(1) の場合，つまりベルヌーイ数 B_{2m} が $B_{2m(1)}, B_{2m(2)}$ または $B_{2m(3)}$ に該当する場合には，$J(2m)$ はつぎのようになる.

$$J(2m) = \begin{cases} 2, & (m \not\equiv 0 \bmod 3) \\ 3, & (m \equiv 0 \bmod 3) \end{cases}$$

(2) の場合，つまりベルヌーイ数 B_{2m} が $B_{2m(4)}, B_{2m(5)}, B_{2m(6)}$ または $B_{2m(7)}$ に該当する場合には，$J(2m)$ は以下の不等式を満たす.

$$J(2m) \leq p_{k-max}\left(= \frac{2m}{k_{min}} + 1\right)$$

例えば $B_{2m(2)}$ の場合にはつぎのとおり.

$m = 5$ の場合の B_{10} は

$$B_{10} = \frac{5}{66} = -\left\{\left(\frac{1}{2} + \frac{1}{3}\right) + \frac{1}{11}\right\} + 1$$

と書き表され,分母の素因数は $2, 3, p_{2m+1} = 11$ となる.

$m \equiv 2 \bmod 3$ より $J(10) = 2$ であり,このとき $(2m+2)(2m+1) = 12 \cdot 11$ だから,$\mathcal{B}_{2m+j}^{(1+j)}$ はつぎのようになる.

$$\mathcal{B}_{2m+j}^{(1+j)} = \mathcal{B}_{12}^{(3)} = 12 \cdot 11 \cdot \left\{-\left(\left(\frac{1}{2} + \frac{1}{3}\right) + \frac{1}{1}\right) + 1\right\} = 10$$

ここで改めて $j = 0, 1, 2, 3$ の場合の数列 $\{\mathcal{B}_{2m+j}^{(1+j)}\}$ を整理しておきたい.この場合 $1 + j$ が大きくなるにつれて,整数となる項が増えることがわかる.

数列 $\left\{\mathcal{B}_{2m}^{(1)}\right\}$ は

$$\mathcal{B}_0^{(1)} = 1, \ \left(\mathcal{B}_1^{(1)} = -\frac{1}{2}\right), \ \mathcal{B}_2^{(1)} = \frac{1}{6}, \ \mathcal{B}_4^{(1)} = -\frac{1}{30}, \ \mathcal{B}_6^{(1)} = \frac{1}{42}$$

$$\mathcal{B}_8^{(1)} = -\frac{1}{30}, \ \mathcal{B}_{10}^{(1)} = \frac{5}{66}, \ \mathcal{B}_{12}^{(1)} = -\frac{691}{2730}, \ \mathcal{B}_{14}^{(1)} = \frac{7}{6}, \ \cdots$$

数列 $\left\{\mathcal{B}_{2m+1}^{(2)}\right\}$ は

$$\mathcal{B}_1^{(2)} = 1, \ (\mathcal{B}_2^{(2)} = -1), \ \mathcal{B}_3^{(2)} = \frac{1}{2}, \ \mathcal{B}_5^{(2)} = -\frac{1}{6}, \ \mathcal{B}_7^{(2)} = \frac{1}{6}$$

$$\mathcal{B}_9^{(2)} = -\frac{3}{10}, \ \mathcal{B}_{11}^{(2)} = \frac{5}{6}, \ \mathcal{B}_{13}^{(2)} = -\frac{691}{210}, \ \mathcal{B}_{15}^{(2)} = \frac{35}{2}, \ \cdots$$

数列 $\left\{\mathcal{B}_{2m+2}^{(3)}\right\}$ は

$$\mathcal{B}_2^{(3)} = 2, \ (\mathcal{B}_3^{(3)} = -3), \ \mathcal{B}_4^{(3)} = 2, \ \mathcal{B}_6^{(3)} = -1, \ \mathcal{B}_8^{(3)} = \frac{4}{3}$$

$$\mathcal{B}_{10}^{(3)} = -3, \ \mathcal{B}_{12}^{(3)} = 10, \ \mathcal{B}_{14}^{(3)} = -\frac{691}{15}, \ \mathcal{B}_{16}^{(3)} = 280, \ \cdots$$

数列 $\left\{\mathcal{B}_{2m+3}^{(4)}\right\}$ は

$$\mathcal{B}_3^{(4)} = 6, \ (\mathcal{B}_4^{(4)} = -12), \ \mathcal{B}_5^{(4)} = 10, \ \mathcal{B}_7^{(4)} = -7, \ \mathcal{B}_9^{(4)} = 12$$

$$\mathcal{B}_{11}^{(4)} = -33, \ \mathcal{B}_{13}^{(4)} = 130, \ \mathcal{B}_{15}^{(4)} = -691, \ \mathcal{B}_{17}^{(4)} = 4760$$

$$\mathcal{B}_{19}^{(4)} = -\frac{206169}{5}, \ \mathcal{B}_{21}^{(4)} = 438670, \ \cdots$$

続いてのテーマは，この新たなベルヌーイ数 $\mathcal{B}_{N-1+2m}^{(N)}$ を用いてゼータ関数の値 $\zeta(2m)$ を表すことである．

先に結論を言えば，この $\zeta(2m)$ の値を与える式はつぎのとおりになる．

ゼータ関数の正の偶数での値 $\zeta(2m)$ は

$$\zeta(2m) = \frac{(-1)^{m-1}(2\pi)^{2m}}{2(N-1+2m)!}\mathcal{B}_{N-1+2m}^{(N)}$$

で表される．

例えば $m = 2$, $N = 4$ のときには $\mathcal{B}_7^{(4)} = -7$ なので

$$\zeta(4) = \frac{(-1)^1 \cdot (2\pi)^4}{2 \cdot 7!} \cdot (-7) = \frac{\pi^4}{90}$$

となる．

そして上の式で $N = 1$ とおいた場合には，$\mathcal{B}_{2m}^{(1)} = B_{2m}$ なので，$\zeta(2m)$ についての一般的な式

$$\zeta(2m) = \frac{(-1)^{m-1}(2\pi)^{2m}}{2(2m)!}B_{2m}$$

が得られる．

上で挙げた $\mathcal{B}_{N-1+2m}^{(N)}$ を用いた式は，複素関数の積分法における留数を計算する方法により導かれる．ただし，複素関数は本書の範囲を超えるので，ここでは結論の部分を述べるにとどめたい．

第 5 章

ベルヌーイ数，オイラー数，もうひとつの数

この章では無限級数を表す三つの数，ベルヌーイ数 B_m，オイラー数 E_m，そしてもうひとつの数 T_m について説明する．

ゼータ関数の正の偶数での値は，ベルヌーイ数 B_{2m} を用いて求めることができるのであった．これに対して，奇数べきの逆数による交代級数の値はオイラー数 E_{2m} により，また偶数べきの逆数からなる交代級数の値は，もうひとつの数である T_{2m} を適用することにより求められる．そこで，この章においてはオイラー数ともうひとつの数の性質を調べ，それらを使った交代級数について見ることにしたい．

三つの数 B_m，E_m，T_m を生成するそれぞれの母関数は，いずれもあるべき級数で表示される．このように三つの数はそれぞれが別個に定められたものであるが，実は一つの式で書き表されるのであり，このことについてもふれてみたい．

5.1 オイラー数 E_m と奇数べきの交代級数

これまでに正の偶数に対するゼータ関数の値は,, ベルヌーイ数 B_{2m} を用いて表されることを見てきた．これに対して，奇数べきの逆数からなる交代級数はオイラー数 E_{2m} を用いて表される．

そこで最初にオイラー数 E_m について調べてみよう．

オイラー数 E_m（Euler numbers）はべき級数

$$\frac{2e^z}{e^{2z}+1} = \sum_{m=0}^{\infty} E_m \frac{z^m}{m!}, \quad \left(\,|\,z\,|<\frac{\pi}{2}\right)$$

を母関数とし $\dfrac{z^m}{m!}$ の係数として求められる．

e^z のテイラー展開から，上の式は

$$
2\left(1 + z + \frac{1}{2!}z^2 + \frac{1}{3!}z^3 + \cdots\right)
$$
$$
= \left(2 + 2z + \frac{1}{2!}(2z)^2 + \frac{1}{3!}(2z)^3 + \cdots\right)
$$
$$
\times \left(E_0 + E_1 z + E_2 \frac{z^2}{2!} + E_3 \frac{z^3}{3!} + \cdots\right)
$$

となるので，両辺の各 z のべきの係数を比較してオイラー数 E_m が求められる．これについてはベルヌーイ数 B_m の場合と同じである．

得られた E_m を順に書けば以下のようになる．

$$
E_0 = 1, \quad E_1 = 0, \quad E_2 = -1, \quad E_3 = 0, \quad E_4 = 5
$$
$$
E_5 = 0, \quad E_6 = -61, \quad E_7 = 0, \quad E_8 = 1385, \quad \cdots
$$

B_m は有理数であった．これに対し，オイラー数 E_m は整数であり，m が大きくなると桁数が多くなることが知られている．また E_m は m が奇数のときには $E_m = 0$ となるが，これについては B_m の場合と同じである（$B_1 = -\dfrac{1}{2}$ を除いて）．また $m = 0, 4, 8, \cdots (\equiv 0 \bmod 4)$ のときには E_m は正の整数，$m = 2, 6, 10, \cdots (\equiv 2 \bmod 4)$ のときには E_m は負の整数となる．

以上により m について偶数 $2m$ の場合のみを考えれば，オイラー数の母関数は

$$
\frac{2e^z}{e^{2z} + 1} = \sum_{m=0}^{\infty} \frac{E_{2m}}{(2m)!} z^{2m}, \quad \left(|z| < \frac{\pi}{2}\right)
$$

または

$$
\frac{2}{e^z + e^{-z}} = \sum_{m=0}^{\infty} \frac{E_{2m}}{(2m)!} z^{2m}
$$

と書き改められる．この式は後において用いられる．

奇数べきの交代級数は，オイラー数 E_{2m} を用いて表される．実際，交代級数

$$
\nu(2m+1) = 1 - \frac{1}{3^{2m+1}} + \frac{1}{5^{2m+1}} - \frac{1}{7^{2m+1}} + \cdots
$$

の値は

$$\nu(2m+1) = \frac{(-1)^m \pi^{2m+1}}{2^{2m+2}(2m)!} E_{2m}, \quad (m = 0, 1, 2, \cdots)$$

により求められるのである．そこで以下において，このことについて見てみよう．

母関数は，左辺に e^z, e^{-z} のテイラー展開を用いれば

$$\left(1 + \frac{1}{2!}z^2 + \frac{1}{4!}z^4 + \frac{1}{6!}z^6 + \cdots \right)^{-1} = E_0 + \frac{E_2}{2!}z^2 + \frac{E_4}{4!}z^4 + \frac{E_6}{6!}z^6 + \cdots$$

と書き改められる．したがって，符号を変えた

$$\left(1 - \frac{1}{2!}z^2 + \frac{1}{4!}z^4 - \frac{1}{6!}z^6 + \cdots \right)^{-1} = E_0 - \frac{E_2}{2!}z^2 + \frac{E_4}{4!}z^4 - \frac{E_6}{6!}z^6 + \cdots$$

が成り立つことになる．

ここで $\cos z$ のテイラー展開を思い出すと，左辺は $\dfrac{1}{\cos z} = \sec z$ に等しい．以上により

$$\sec z = \sum_{m=0}^{\infty} \frac{(-1)^m E_{2m}}{(2m)!} z^{2m}$$

が成り立つことが分かる．

つぎに $\dfrac{1}{\sin z}$ は，以下のように部分分数に分割されることが知られている．

$$\frac{1}{\sin z} = \lim_{t \to \infty} \sum_{m=-t}^{t} \frac{(-1)^m}{z - m\pi} = \frac{1}{z} + 2z \sum_{m=1}^{\infty} \frac{(-1)^m}{z^2 - m^2\pi^2}$$

そこで，この式において z を $z + \dfrac{\pi}{2}$ で置き換えると

$$\frac{1}{\cos z} = 2\pi \sum_{m=0}^{\infty} \frac{(-1)^m \left(m + \frac{1}{2} \right)}{\left(m + \frac{1}{2} \right)^2 \pi^2 - z^2}$$

となる．この右辺は

$$2\pi \sum_{m=0}^{\infty} \frac{(-1)^m}{\left(m + \frac{1}{2} \right)\pi^2} \left(1 + \left(\frac{z}{\left(m + \frac{1}{2} \right)\pi} \right)^2 + \left(\frac{z}{\left(m + \frac{1}{2} \right)\pi} \right)^4 + \cdots \right)$$

となるので，さらに式の変形を進めると

$$2\pi\left\{\frac{1}{\pi^2}\left(2-\frac{2}{3}+\frac{2}{5}-\cdots\right)+\frac{z^2}{\pi^4}\left(2^3-\frac{2^3}{3^3}+\frac{2^3}{5^3}-\cdots\right)\right.$$
$$\left.+\frac{z^4}{\pi^6}\left(2^5-\frac{2^5}{3^5}+\frac{2^5}{5^5}-\cdots\right)+\cdots\right\}$$
$$=\nu(1)\frac{2^2}{\pi}+\nu(3)\frac{2^4}{\pi^3}z^2+\nu(5)\frac{2^6}{\pi^5}z^4+\cdots$$

となる．ここで左辺は $\dfrac{1}{\cos z}=\sec z$ だから，式は

$$\sec z=\sum_{m=0}^{\infty}\nu(2m+1)\frac{2^{2m+2}}{\pi^{2m+1}}z^{2m}$$

と書き表される．

　以上で得られた二つの $\sec z$ を展開する式において両辺の z^{2m} の係数を比較すれば，既に述べたように，交代級数 $\nu(2m+1)$ は E_{2m} を用いた式で表されることが分かる．

　ここで例を挙げておこう．$m=0,1$ のときの E_{2m} はそれぞれ $E_0=1, E_2=-1$ なので，$\nu(2m+1)$ の値は順につぎのようになる．

$$\nu(1)=1-\frac{1}{3}+\frac{1}{5}-\frac{1}{7}+\cdots=\frac{(-1)^0\pi}{2^2\cdot 0!}\cdot 1=\frac{\pi}{4}$$
$$\nu(3)=1-\frac{1}{3^3}+\frac{1}{5^3}-\frac{1}{7^3}+\cdots=\frac{(-1)^1\pi^3}{2^4\cdot 2!}\cdot(-1)=\frac{\pi^3}{32}$$

そして

$$\nu(5)=\frac{5\pi^5}{1536},\quad \nu(7)=\frac{61\pi^7}{184320}$$

などの値が求められる．

　$\zeta(3),\zeta(5),\zeta(7),\cdots$ などの正の奇数に対するゼータ関数の値が得られるような簡単な公式は，今のところは発見されていない．ところが分母が奇数で，奇数べきの交代級数は，オイラー数を用いた式によって表されるのである．またこの交代級数は第 11 章でも述べるように，4 を法とするディリクレ指標を用いた L 関数でも表すことができる．

このように見てくると，奇数のゼータ関数については想像が難しい，何か奥深いものがあるかも知れず，興味の尽きないところである．

5.2　もうひとつの数 T_m と偶数べきの交代級数

正の偶数に対するゼータ関数の値はベルヌーイ数 B_{2m} により表された．また奇数べきの逆数からなる交代級数は，オイラー数 E_{2m} により表された．これに対して偶数べきの逆数による交代級数を表す数が，これから説明するもうひとつの数 T_{2m} である．

交代級数 $\mu(s)$ を以下のように定めることにする．

$$\mu(s) = 1 - \frac{1}{2^s} + \frac{1}{3^s} - \frac{1}{4^s} + \cdots, \quad (s \geq 1)$$

このとき正の偶数に対する値 $\mu(2m)$ は T_{2m} により，つぎの式で与えられる．

$$\mu(2m) = \frac{(-1)^m \pi^{2m}}{2(2m+1)!} T_{2m}, \quad (m = 1, 2, 3, \cdots)$$

ただし，T_m はべき級数

$$\frac{2ze^z}{e^{2z} - 1} = \sum_{m=0}^{\infty} T_m \frac{z^m}{(m+1)!}, \quad (\mid z \mid < \pi)$$

を母関数とし $\dfrac{z^m}{(m+1)!}$ の係数として求められる．

つぎに，ベルヌーイ数の場合と同じように，この母関数を展開する式の両辺の z の各べきの係数を比較することにより，T_m の値が順に求められるのである．それらの最初のいくつかを書けば

$$T_0 = 1, \quad T_1 = 0, \quad T_2 = -1, \quad T_3 = 0, \quad T_4 = \frac{7}{3}$$
$$T_5 = 0, \quad T_6 = -\frac{31}{3}, \quad T_7 = 0, \quad T_8 = \frac{381}{5}, \quad \dots$$

などとなる．

ここで T_m について補足しておきたい．

ベルヌーイ数 B_m は有理数であるが，もうひとつの数 T_m も同じように有理数である．

m が奇数のとき $B_1 = -\dfrac{1}{2}$ を除いて $B_m = 0$ であったが，T_m については
すべての奇数 m に対し $T_m = 0$ である．また B_m は $m = 4n$ $(n = 1, 2, \ldots)$
のときには負，$m = 4n + 2$ のときには正であるのに対し，T_m の符号は逆
に $m = 4n$ のときには正，$m = 4n + 2$ のときには負となる.

　最初に述べたように，交替級数 $\mu(2m)$ の値は T_{2m} を用いて表される．そ
こで以下において，このことについて説明しておきたい.
　$\dfrac{1}{\sin z}$ を部分分数に分割する式

$$\frac{1}{\sin z} = \frac{1}{z} + 2z \sum_{m=1}^{\infty} \frac{(-1)^m}{z^2 - m^2\pi^2}$$

の両辺に z を乗じてから，つぎのように式の変形を進める.

$$\frac{z}{\sin z} = 1 + 2 \sum_{m=1}^{\infty} \frac{(-1)^m z^2}{z^2 - m^2\pi^2} = 1 + 2 \sum_{m=1}^{\infty} (-1)^{m-1} \frac{\left(\dfrac{z}{m\pi}\right)^2}{1 - \left(\dfrac{z}{m\pi}\right)^2}$$

$$= 1 + 2 \sum_{m=1}^{\infty} \left\{ (-1)^{m-1} \left(\left(\frac{z}{m\pi}\right)^2 + \left(\frac{z}{m\pi}\right)^4 + \left(\frac{z}{m\pi}\right)^6 + \cdots \right) \right\}$$

$$= 1 + 2 \Big\{ \left(\frac{1}{1^2}\left(\frac{z}{\pi}\right)^2 + \frac{1}{1^4}\left(\frac{z}{\pi}\right)^4 + \cdots \right) - \left(\frac{1}{2^2}\left(\frac{z}{\pi}\right)^2 + \frac{1}{2^4}\left(\frac{z}{\pi}\right)^4 + \cdots \right)$$

$$+ \left(\frac{1}{3^2}\left(\frac{z}{\pi}\right)^2 + \frac{1}{3^4}\left(\frac{z}{\pi}\right)^4 + \cdots \right) + \cdots \Big\}, \quad (\mid z \mid < \pi)$$

この式は

$$\mu(2m) = 1 - \frac{1}{2^{2m}} + \frac{1}{3^{2m}} - \frac{1}{4^{2m}} + \cdots$$

を用いて

$$= 1 + 2 \Big\{ \mu(2)\left(\frac{z}{\pi}\right)^2 + \mu(4)\left(\frac{z}{\pi}\right)^4 + \mu(6)\left(\frac{z}{\pi}\right)^6 + \cdots \Big\}$$

となるので，したがって

$$\frac{z}{\sin z} = 1 + 2 \sum_{m=1}^{\infty} \mu(2m)\left(\frac{z}{\pi}\right)^{2m}$$

が導かれる.

ところで $T_{2m+1} = 0$ であったので，T_m に関する母関数は

$$\frac{2z}{e^z - e^{-z}} = \sum_{m=0}^{\infty} \frac{T_{2m}}{(2m+1)!} z^{2m}$$

と書き改められる. ここで z を iz とおくと

$$\frac{2iz}{e^{iz} - e^{-iz}} = \sum_{m=0}^{\infty} \frac{T_{2m}}{(2m+1)!} (iz)^{2m}$$

すなわち

$$\frac{z}{\sin z} = 1 + \sum_{m=1}^{\infty} \frac{(-1)^m T_{2m}}{(2m+1)!} z^{2m}$$

が得られる.

それゆえ，以上で得られた $\dfrac{z}{\sin z}$ についての二つの式において両辺の z^{2m} の係数を比較すると，最初に掲げた式，すなわち交代級数 $\mu(2m)$ を T_{2m} を用いて表した式が得られる.

例を挙げる. $m = 1$ のとき $T_2 = -1$ なので

$$\mu(2) = 1 - \frac{1}{2^2} + \frac{1}{3^2} - \frac{1}{4^2} + \frac{1}{5^2} - \cdots = \frac{(-1)^1 \pi^2}{2 \cdot 3!} \cdot (-1) = \frac{\pi^2}{12}$$

$m = 2$ のとき $T_4 = \dfrac{7}{3}$ なので

$$\mu(4) = 1 - \frac{1}{2^4} + \frac{1}{3^4} - \frac{1}{4^4} + \frac{1}{5^4} - \cdots = \frac{(-1)^2 \pi^4}{2 \cdot 5!} \cdot \frac{7}{3} = \frac{7\pi^4}{720}$$

また，ゼータ関数 $\zeta(2m)$ の値は T_{2m} を用いて表されるので，このことについて見てみよう.

二つの関数 $\mu(s)$ と $\zeta(s)$ の間には

$$\mu(s) = \zeta(s) \left(1 - \frac{1}{2^{s-1}} \right), \quad (s > 1)$$

という関係にあることが，容易に確かめられる.

$\mu(2m)$ は T_{2m} で表されたので,上の式において s を $2m$ とおけば

$$\zeta(2m) = \frac{2^{2m-1}}{2^{2m-1}-1}\mu(2m) = \frac{(-1)^m(2\pi)^{2m}}{2(2^{2m}-2)(2m+1)!}T_{2m}$$

となることがわかる.

例 $m = 3$ とすると $T_6 = -\dfrac{31}{3}$ なので

$$\zeta(6) = \frac{(-1)\cdot 2^6\pi^6}{7!(2^7-4)}\cdot\left(-\frac{31}{3}\right) = \frac{\pi^6}{945}$$

となる.

5.3 三つの数 B_{2m}, E_{2m}, T_{2m} の関係

最初に,B_{2m} と T_{2m} の関係について述べておこう.

二つの数,B_{2m} と T_{2m} との間には

$$T_{2m} = -(2m+1)(2^{2m}-2)B_{2m}$$

という関係が成り立つ.

最初にこれを示す.そのためには $\cot z$ を B_{2m} で表した式

$$\cot z = \frac{1}{z} + \sum_{m=1}^{\infty}\frac{(-1)^m 2^{2m}B_{2m}z^{2m-1}}{(2m)!}, \quad (|z| < \pi)$$

を用いることにする.

三角関数についてのつぎの二つの式が成り立つ.なお $\csc z$ は $\operatorname{cosec} z$,すなわち $\sin z$ の逆数のことである.

$$\cot z + \tan\frac{z}{2} = \csc z, \qquad \cot\frac{z}{2} - 2\cot z = \tan\frac{z}{2}$$

$\tan\dfrac{z}{2} = t$ とおくと

$$\sin z = \frac{2t}{1+t^2}, \quad \cos z = \frac{1-t^2}{1+t^2}, \quad \tan z = \frac{2t}{1-t^2}$$

だから,これらの式を用いることで上で挙げた式は容易に示される.

5.3 三つの数 B_{2m}, E_{2m}, T_{2m} の関係

この二つの式から

$$\csc z = \cot \frac{z}{2} - \cot z$$

と表されるので $\dfrac{z}{\sin z}$ は

$$
\begin{aligned}
\frac{z}{\sin z} &= z \csc z = z\Big(\cot \frac{z}{2} - \cot z \Big) \\
&= z\bigg\{ \bigg(\frac{2}{z} + \sum_{m=1}^{\infty} \frac{(-1)^m 2^{2m} B_{2m}\Big(\dfrac{z}{2}\Big)^{2m-1}}{(2m)!} \bigg) \\
&\qquad - \bigg(\frac{1}{z} + \sum_{m=1}^{\infty} \frac{(-1)^m 2^{2m} B_{2m} z^{2m-1}}{(2m)!} \bigg) \bigg\} \\
&= 1 + 2 \sum_{m=1}^{\infty} \frac{(-1)^{m-1}(2^{2m-1}-1) B_{2m} z^{2m}}{(2m)!}
\end{aligned}
$$

となる. そこで, 前述の $\dfrac{z}{\sin z}$ を T_{2m} を用いて表した式

$$\frac{z}{\sin z} = \sum_{m=0}^{\infty} \frac{(-1)^m T_{2m} z^{2m}}{(2m+1)!}$$

を思い出すと, 上で挙げた $\dfrac{z}{\sin z}$ を示す二つの式から (和は $m=0$ から
とって)

$$\sum_{m=0}^{\infty} \frac{(-1)^m T_{2m} z^{2m}}{(2m+1)!} = 2 \sum_{m=0}^{\infty} \frac{(-1)^{m-1}(2^{2m-1}-1) B_{2m} z^{2m}}{(2m)!}$$

が成り立つことがわかる. よって両辺の z^{2m} の係数を比較すれば, T_{2m} と
B_{2m} の関係を表す式が得られる.

これまでに見たように B_{2m}, E_{2m} および T_{2m} は, それぞれが別個に定義
され, また適用する目的も異なっているのであった. しかしそれぞれの数の
算出方法には似ているところがあり, また添え字 m が奇数の場合には三つ
の数は基本的には 0 となるということでは共通している.

しからば, これらの三つの数の間には, 果たして何らかの関係があるので
あろうか. 結論を先に言えば, 三つの数は, 実はあるひとつの式で書き表さ
れるのである.

これまでに三つの式

$$z\frac{e^z + e^{-z}}{e^z - e^{-z}} = \sum_{m=0}^{\infty} \frac{B_{2m}}{(2m)!}(2z)^{2m}$$

$$\frac{2}{e^z + e^{-z}} = \sum_{m=0}^{\infty} \frac{E_{2m}}{(2m)!}z^{2m}$$

$$\frac{2z}{e^z - e^{-z}} = \sum_{m=0}^{\infty} \frac{T_{2m}}{(2m+1)!}z^{2m}$$

が得られている. そこでこれらの式を以下の

$$z\frac{e^z + e^{-z}}{e^z - e^{-z}} \cdot \frac{2}{e^z + e^{-z}} = \frac{2z}{e^z - e^{-z}}$$

に代入すれば

$$\left(\sum_{m=0}^{\infty} \frac{B_{2m}}{(2m)!}(2z)^{2m}\right)\left(\sum_{m=0}^{\infty} \frac{E_{2m}}{(2m)!}z^{2m}\right) = \sum_{m=0}^{\infty} \frac{T_{2m}}{(2m+1)!}z^{2m}$$

$$\left(\,|\,z\,|<\frac{\pi}{2}\,\right)$$

とまとまった式で表されるのである.

偶数べきのゼータ関数の値を表す B_{2m}, 奇数べきの交代級数の値を表す E_{2m}, そして偶数べきの交代級数の値を表す T_{2m} が, このように一つの式で表現できるということが面白いところである. とくに B_{2m} についての級数と E_{2m} についての級数の積が T_{2m} についての級数に等しい, という点が不思議なところでもある.

上の式で $z = 1$ とおいた場合には, つぎのような美しい式が現れる.

$$\left(B_0 + \frac{2^2 B_2}{2!} + \frac{2^4 B_4}{4!} + \frac{2^6 B_6}{6!} + \cdots\right)\left(E_0 + \frac{E_2}{2!} + \frac{E_4}{4!} + \frac{E_6}{6!} + \cdots\right)$$
$$= T_0 + \frac{T_2}{3!} + \frac{T_4}{5!} + \frac{T_6}{7!} + \cdots$$

このように三つの数 B_{2m}, E_{2m}, および T_{2m} が実は思いもよらないようなところで結ばれている, ということが見えてくるのである.

また両辺の $z^{2M}, (M = 0, 1, 2, \cdots)$ の係数を比較すれば，以下のような見慣れない式が現れるが，これにより B_{2m}，E_{2m} および T_{2m} の関係が示されることになる．

$$\sum_{m=0}^{M} \left(\frac{2^{2m} B_{2m}}{(2m)!} \cdot \frac{E_{2M-2m}}{(2M-2m)!} \right) = \frac{T_{2M}}{(2M+1)!}$$

つぎに

$$z \frac{e^z + e^{-z}}{e^z - e^{-z}} \cdot \frac{2}{e^z + e^{-z}} \cdot \frac{e^z - e^{-z}}{2z} = 1$$

に，それぞれ B_{2m}，E_{2m} に関する式，およびテイラー展開により得られる

$$e^z - e^{-z} = 2z \left(\frac{1}{1!} + \frac{z^2}{3!} + \frac{z^4}{5!} + \cdots \right)$$

を代入すれば

$$\left(\sum_{m=0}^{\infty} \frac{B_{2m}}{(2m)!} (2z)^{2m} \right) \left(\sum_{m=0}^{\infty} \frac{E_{2m}}{(2m)!} z^{2m} \right) \left(\sum_{m=0}^{\infty} \frac{z^{2m}}{(2m+1)!} \right) = 1$$

$$\left(\mid z \mid < \frac{\pi}{2} \right)$$

が成り立つことがわかる．

とくに $z = 1$ とおけば

$$\left(B_0 + \frac{2^2 B_2}{2!} + \frac{2^4 B_4}{4!} + \frac{2^6 B_6}{6!} + \cdots \right) \left(E_0 + \frac{E_2}{2!} + \frac{E_4}{4!} + \frac{E_6}{6!} + \cdots \right)$$

$$\times \left(1 + \frac{1}{3!} + \frac{1}{5!} + \frac{1}{7!} + \cdots \right) = 1$$

となり，この式によっても二つの数 B_{2m} と E_{2m} の関係が示される．

また $z^{2M}, (M = 1, 2, 3, \cdots)$ の係数を比較することにより，これまたやや複雑な式になるが，B_{2m} と E_{2m} の関係が示される．

$$\sum_{m=0}^{M} \frac{2^{2m} B_{2m}}{(2m)!} \sum_{n=0}^{M-m} \frac{E_{2n}}{(2n)!} \cdot \frac{1}{(2(M-m-n)+1)!} = 0$$

5.4 余接 $\cot z$, 正割 $\sec z$, 余割 $\operatorname{cosec} z$ で表される三つの数

ベルヌーイ数,オイラー数,およびもうひとつの数は,これまでとは異なる方法により,すなわちそれぞれ余接 $\cot z$, 正割 $\sec z$, 余割 $\operatorname{cosec} z$ を用いても定めることができる.この場合でもゼータ関数や交代級数の値は,比較的容易に得られるのである.

最初に,余接 $\cot z$ で定められるベルヌーイ数 B_m^* について説明をすることにしたい.

ベルヌーイ数 B_m^* を,余接 $\cot z$ についてのべき級数

$$z \cot z = \sum_{m=0}^{\infty} B_m^* \frac{(2z)^m}{m!}, \quad (\,|\,z\,|< \pi)$$

を母関数として定めることにする.

この場合の B_m^* についても,B_m と同様な方法で求められる.すなわち,$\sin z$, $\cos z$ のテイラー展開を考えると,左辺は

$$z \frac{\cos z}{\sin z} = \frac{1 - \dfrac{z^2}{2!} + \dfrac{z^4}{4!} - \dfrac{z^6}{6!} + \cdots}{1 - \dfrac{z^2}{3!} + \dfrac{z^4}{5!} - \dfrac{z^6}{7!} + \cdots}$$

であり,上の母関数表示の式をもとに,これまでと同じように z の各べきの係数を比較して B_m^* が求められる.最初のいくつかを書けば

$$B_0^* = 1, \quad B_1^* = 0, \quad B_2^* = -\frac{1}{6}, \quad B_3^* = 0, \quad B_4^* = -\frac{1}{30}$$

$$B_5^* = 0, \quad B_6^* = -\frac{1}{42}, \quad B_7^* = 0, \quad B_8^* = -\frac{1}{30}, \quad \cdots$$

などとなる.m が奇数のときには $B_1 = -\dfrac{1}{2}$ を除き,$B_m = 0$ であった.これに対して B_m^* については,m が奇数のときには常に $B_m^* = 0$ である.また m が偶数のときには B_m と同様,B_m^* は有理数となる.ただしこの場合,B_m^* は($B_0^* = 1$ を除き)すべて負であるという特徴をもっている.

5.4 余接 $\cot z$, 正割 $\sec z$, 余割 $\mathrm{cosec}\, z$ で表される三つの数 75

実際，B_{2m}^* と B_{2m} の間には以下の関係が成り立つ.

$$B_{2m}^* = (-1)^m B_{2m}$$

このようにベルヌーイ数 B_m^* を余接 $\cot z$ についてのべき級数で定めた場合には，以下のようにして $\zeta(2m)$ の値は直ちに得られるのである.

$B_{2m+1}^* = 0$ であったので，母関数は

$$z \cot z = 1 + \sum_{m=1}^{\infty} \frac{B_{2m}^*}{(2m)!}(2z)^{2m} \left(= \sum_{m=0}^{\infty} \frac{B_{2m}^*}{(2m)!}(2z)^{2m} \right)$$

と書き改められる. 他方で

$$z \cot z = 1 - 2 \sum_{m=1}^{\infty} \frac{\zeta(2m)}{\pi^{2m}} z^{2m}$$

であった. したがってこの二つの式の z^{2m} の係数を比較すれば，$\zeta(2m)$ についての式

$$\zeta(2m) = -\frac{2^{2m-1}\pi^{2m}}{(2m)!} B_{2m}^*$$

が得られる.

例えば $m = 3$ のときには $B_6^* = -\dfrac{1}{42}$ なので，$\zeta(6)$ は以下のとおり.

$$\zeta(6) = -\frac{2^5 \pi^6}{6!} \cdot \left(-\frac{1}{42} \right) = \frac{\pi^6}{945}$$

つぎに，正割 $\sec z$ で定めるオイラー数 E_m^* について説明する.

オイラー数 E_m^* について，正割 $\sec z$ についてのべき級数

$$\sec z = \sum_{m=0}^{\infty} E_m^* \frac{z^m}{m!}, \quad \left(\, |z| < \frac{\pi}{2} \right)$$

を母関数として定めることにする.

これまでと同じように，両辺の z^m の係数を比較するという方法で E_m^* が求められる. 最初のいくつかを書けば以下のとおり.

$$E_0^* = 1, \quad E_1^* = 0, \quad E_2^* = 1, \quad E_3^* = 0, \quad E_4^* = 5$$

$$E_5^* = 0, \quad E_6^* = 61, \quad E_7^* = 0, \quad E_8^* = 1385, \quad \cdots$$

すぐに分かるように $E_{2m+1}^* = 0$ であり，また E_{2m}^* は正の整数である．

そして E_{2m}^* と E_{2m} にはつぎの関係が成り立つ．

$$E_{2m}^* = (-1)^m E_{2m}$$

つぎに $E_{2m+1}^* = 0$ であることにより，$\sec z$ についての母関数は

$$\sec z = \sum_{m=0}^{\infty} \frac{E_{2m}^*}{(2m)!} z^{2m}$$

と書き改められる．また $\sec z$ について

$$\sec z = \sum_{m=0}^{\infty} \nu(2m+1) \frac{2^{2m+2}}{\pi^{2m+1}} z^{2m}$$

となるのであった．よって二つの式から，$\nu(2m+1)$ の値についての式

$$\nu(2m+1) = \frac{\pi^{2m+1}}{2^{2m+2}(2m)!} E_{2m}^*$$

が直ちに得られる．

例えば $m=1$ では $E_2^* = 1$ だから，以下の $\nu(3)$ の値が得られる．

$$\nu(3) = \frac{\cdot \pi^3}{2^4 \cdot 2!} \cdot 1 = \frac{\pi^3}{32}$$

続いて，余割 $\operatorname{cosec} z$ で定めるもうひとつの数 T_m^* についても述べておきたい．

もうひとつの数 T_m^* を，余割 $\csc z$ についてのべき級数

$$z \csc z = \sum_{m=0}^{\infty} T_m^* \frac{z^m}{(m+1)!}, \quad (|z| < \pi)$$

を母関数として定めることにする．ただし $\csc z \,(= \operatorname{cosec} z\,(余割)) = \dfrac{1}{\sin z}$ のことである．

5.4 余接 $\cot z$, 正割 $\sec z$, 余割 $\operatorname{cosec} z$ で表される三つの数　　77

この場合の T_m^* についても T_m のときと同様, 母関数の z^m の係数を比較することで求められる. 最初のいくつかを書けば

$$T_0^* = 1, \quad T_1^* = 0, \quad T_2^* = 1, \quad T_3^* = 0, \quad T_4^* = \frac{7}{3}$$
$$T_5^* = 0, \quad T_6^* = \frac{31}{3}, \quad T_7^* = 0, \quad T_8^* = \frac{381}{5}, \quad \cdots$$

などとなる. すぐにわかるように m か奇数のとき $T_m^* = 0$ であるが, これは T_m の場合と同じである. また m が偶数のとき T_m^* は T_m と同じように有理数であるが, T_m^* はすべて正となっている.

実際, T_{2m}^* と T_{2m} について, つぎの関係が成り立つ.

$$T_{2m}^* = (-1)^m T_{2m}$$

このとき母関数は

$$z \csc z = \sum_{m=0}^\infty T_{2m}^* \frac{z^{2m}}{(2m+1)!}, \quad (|z| < \pi)$$

と書き換えられる. この式からこれまでと同様な方法により, 交代級数 $\mu(2m)$ およびゼータ関数 $\zeta(2m)$ の値を T_{2m}^* により表す式

$$\mu(2m) = \frac{\pi^{2m}}{2(2m+1)!} T_{2m}^*$$
$$\zeta(2m) = \frac{(2\pi)^{2m}}{(2m+1)! \cdot (2^{2m+1} - 4)} T_{2m}^*$$

が得られる.

B_{2m}^*, E_{2m}^* そしてもうひとつの数 T_{2m}^* についても一つの式で書き表されるので, それについても見ておくことにしたい.

$z \cot z$, $\sec z$, $z \csc z$ は, それぞれの母関数をもとにつぎの式で表された.

$$z \cot z = \sum_{m=0}^\infty \frac{B_{2m}^*}{(2m)!} (2z)^{2m}$$
$$\sec z = \sum_{m=0}^\infty \frac{E_{2m}^*}{(2m)!} z^{2m}$$

$$z \csc z = \sum_{m=0}^{\infty} \frac{T_{2m}^* z^{2m}}{(2m+1)!}$$

そこでこれらの式を

$$\frac{z}{\sin z} = \frac{1}{\cos z} \cdot \frac{z}{\tan z}$$

すなわち

$$z \csc z = \sec z \cdot z \cot z$$

に代入すれば，つぎのように B_{2m}^*，E_{2m}^* および T_{2m}^* の間に成り立つ式が得られるのである．

$$\left(\sum_{m=0}^{\infty} \frac{B_{2m}^*}{(2m)!} (2z)^{2m} \right) \left(\sum_{m=0}^{\infty} \frac{E_{2m}^*}{(2m)!} z^{2m} \right) = \sum_{m=0}^{\infty} \frac{T_{2m}^*}{(2m+1)!} z^{2m}$$

$$\left(\, |z| < \frac{\pi}{2} \right)$$

この式と，前に述べた B_{2m}，E_{2m}，T_{2m} の関係を表す式は同値である．

なお

$$\frac{z \cos z}{\sin z} \cdot \frac{1}{\cos z} \cdot \frac{\sin z}{z} = 1$$

すなわち

$$z \cot z \cdot \sec z \cdot \frac{\sin z}{z} = 1$$

からは

$$\left(\sum_{m=0}^{\infty} \frac{B_{2m}^*}{(2m)!} (2z)^{2m} \right) \left(\sum_{m=0}^{\infty} \frac{E_{2m}^*}{(2m)!} z^{2m} \right) \left(\sum_{m=0}^{\infty} \frac{(-1)^m}{(2m+1)!} z^{2m} \right) = 1$$

$$\left(\, |z| < \frac{\pi}{2} \right)$$

が成り立つことが分かる．この式は，B_{2m}^* と E_{2m}^* の間に成り立つ関係を示している．

第6章

自然数のべき乗の和

　自然数のべき乗の和に関する公式は，よく知られているところである．例えば，自然数の3乗の和の公式は

$$1^3 + 2^3 + 3^3 + \cdots + N^3 = \left(\frac{1}{2}N(N+1)\right)^2$$

である．

　ところでべきが大きいときには，和の公式はどのように表されるのであろうか．

　このような自然数のべき乗の有限和は，ベルヌーイ数を用いるか，またはベルヌーイ多項式を適用すれば容易に得られる．また，それぞれの項の自然数が等差数列をなす場合，そのべき乗の有限和の値についても，ベルヌーイ多項式を積分するという方法で値を求めることができる．さらに，自然数のべき乗による和と差が交代する場合には，オイラー多項式を適用することにより値を求めることができるのである．

6.1　ベルヌーイ数と自然数のべき乗の和

　自然数のべき乗の和に関する公式，例えば

$$1 + 2 + 3 + \cdots + N = \frac{1}{2}N(N+1)$$

および

$$1^2 + 2^2 + 3^2 + \cdots + N^2 = \frac{1}{6}N(N+1)(2N+1)$$

が成り立つことについては，ご承知の方も多いと思う．

　それならば，さらにこれを一般化した場合の有限和 $S_m(N)$

$$S_m(N) = 1^m + 2^m + 3^m + \cdots + N^m$$

はどのような形で表されるのであろうか．この問題を扱うに際してベルヌーイが考えついたのが，ベルヌーイ数である．

結論を先に言えば，$S_m(N)$ はベルヌーイ数 B_m^+ を適用した以下の公式により計算することができる．

$$S_m(N) = \sum_{k=0}^{m} \binom{m}{k} \frac{B_k^+}{m-k+1} N^{m-k+1}$$

ただし記号 $\binom{m}{k}$ は，$\binom{m}{k} = \dfrac{m!}{(m-k)!k!}$ のことである．

ここでのベルヌーイ数 B_m^+ は，これまでのベルヌーイ数とは異なり，べき級数

$$\frac{ze^z}{e^z - 1} = \sum_{m=0}^{\infty} B_m^+ \frac{z^m}{m!}, \quad (\,|z| < 2\pi)$$

を母関数として，$\dfrac{z^m}{m!}$ の係数として求められる．

この B_m^+ は，ベルヌーイまたは関孝和によるベルヌーイ数であるが，$B_1^+ = \dfrac{1}{2}$ を除けば（なお，$B_1 = -\dfrac{1}{2}$ であった．）これまでのベルヌーイ数 B_m と同じである．

なお改めてベルヌーイ数 B_m^+ を書けば，以下のとおりである．

$$B_0^+ = 1, \quad B_1^+ = \frac{1}{2}, \quad B_2^+ = \frac{1}{6}, \quad B_3^+ = 0, \quad B_4^+ = -\frac{1}{30}$$

$$B_5^+ = 0, \quad B_6^+ = \frac{1}{42}, \quad B_7^+ = 0, \quad B_8^+ = -\frac{1}{30}, \quad \cdots$$

二つの例を挙げる．$m = 4$ のときには

$$S_4(N) = \sum_{k=0}^{4} \binom{4}{k} \frac{N^{5-k}}{5-k} B_k^+ = \frac{N^5}{5} + \frac{N^4}{2} + \frac{N^3}{3} - \frac{N}{30}$$

$$= \frac{1}{30} N(N+1)(2N+1)(3N^2 + 3N - 1)$$

となり，また $m = 5$ のときには

$$S_5(N) = \sum_{k=0}^{5} \binom{5}{k} \frac{N^{6-k}}{6-k} B_k^+ = \frac{N^6}{6} + \frac{N^5}{2} + \frac{5N^4}{12} - \frac{N^2}{12}$$

$$= \frac{1}{12} N^2 (N+1)^2 (2N^2 + 2N - 1)$$

となる.

6.2　ベルヌーイ多項式と自然数のべき乗の和

自然数のべき乗の和は，ベルヌーイ数 B_m^+ を用いて表された．この節では，もう少し込み入った場合の和について考えることにしたい．そのために，ここで必要となるベルヌーイ多項式について予め説明しておきたい.

ベルヌーイ多項式 (Bernoulli polynomials) $B_m(x)$ はつぎの式

$$\frac{ze^{xz}}{e^z - 1} = \sum_{m=0}^{\infty} B_m(x)\frac{z^m}{m!}, \quad (|z| < 2\pi)$$

を母関数として，ベルヌーイ数 B_k を用いた式

$$B_m(x) = \sum_{k=0}^{m} \binom{m}{k} B_k x^{m-k}$$

で表される.

上の母関数の左辺は，ベルヌーイ数の母関数表示の式および e^{xz} のテイラー展開を用いて

$$\frac{ze^{xz}}{e^z - 1} = \frac{z}{e^z - 1} \cdot e^{xz} = \left(\sum_{k-0}^{\infty} B_k \frac{z^k}{k!} \right) \left(\sum_{l=0}^{\infty} \frac{x^l z^l}{l!} \right)$$

となる．ここで $k+l=m$ とおけば，母関数は

$$\left(\sum_{k=0}^{\infty} B_k \frac{z^k}{k!} \right) \left(\sum_{m-k=0}^{\infty} \frac{x^{m-k} z^{m-k}}{(m-k)!} \right) = \sum_{m=0}^{\infty} B_m(x)\frac{z^m}{m!}$$

と書き改められる．そして両辺の z^m の係数を比較すると

$$\sum_{k=0}^{m} \frac{B_k x^{m-k}}{(m-k)! k!} = \frac{B_m(x)}{m!}$$

であり，この式から上の $B_m(x)$ についての式が得られる.

実際に $m = 0, 1, \cdots, 4$ を上の式にあてはめた場合には，$B_m(x)$ はつぎの
ようになる．

$$B_0(x) = 1$$
$$B_1(x) = x - \frac{1}{2}$$
$$B_2(x) = x^2 - x + \frac{1}{6}$$
$$B_3(x) = x^3 - \frac{3}{2}x^2 + \frac{1}{2}x$$
$$B_4(x) = x^4 - 2x^3 + x^2 - \frac{1}{30}$$

式から分かるように，$B_m(x)$ は最高次の係数が 1 となる x の m 次の多項式
である．

ベルヌーイ多項式 $B_m(x)$ に関しては

$$B_m(x+1) - B_m(x) = mx^{m-1}, \quad (m = 1, 2, 3, \cdots\cdot) \tag{6.1}$$

および

$$B'_m(x) = mB_{m-1}(x), \quad (m = 1, 2, 3, \cdots) \tag{6.2}$$
$$B_m(1-x) = (-1)mB_m(x)$$

の三つの基本的な関係式が知られている．また，ベルヌーイ数とベルヌーイ
多項式との間には

$$B_m = B_m(0)$$

という関係がある．

このうち (6.1) および (6.2) については，つぎのようにして示される．

$$\frac{ze^{xz}}{e^z - 1} + ze^{xz} = \frac{ze^{(x+1)z}}{e^z - 1}$$

であるので，それぞれの項を級数展開の式に置き換えれば

$$\sum_{m=0}^{\infty} \frac{B_m(x)}{m!}z^m + z\sum_{l=0}^{\infty} \frac{x^l z^l}{l!} = \sum_{m=0}^{\infty} \frac{B_m(x+1)}{m!}z^m$$

が成り立つことになる．ここで両辺の z^m の係数を見ると

$$\frac{B_m(x)}{m!} + \frac{x^{m-1}}{(m-1)!} = \frac{B_m(x+1)}{m!}$$

であり，したがって (6.1) の式が導かれる．

つぎに

$$B_m(x) = \sum_{k=0}^{m} \frac{m!}{(m-k)!k!} B_k x^{m-k}$$

より

$$B'_m(x) = \sum_{k=0}^{m-1} \frac{m!(m-k)}{(m-k)!k!} B_k x^{m-k-1}$$

$$= m \sum_{k=0}^{m-1} \frac{(m-1)!}{(m-1-k)!k!} B_k x^{m-1-k} = m B_{m-1}(x)$$

となり，(6.2) が導かれる．

さっそくベルヌーイ多項式 $B_m(x)$ を用いて，自然数のべき乗の有限和についての式を求めてみたい．

(6.1) において m を $m+1$ とおけば

$$B_{m+1}(x+1) - B_{m+1}(x) = (m+1)x^m$$

となる．他方で (6.2) より $B_{m+1}(x)$ は $(m+1)B_m(x)$ の原始関数であり

$$B_{m+1}(x+1) - B_{m+1}(x) = (m+1) \int_x^{x+1} B_m(t)dt$$

となる．したがって

$$\int_x^{x+1} B_m(t)dt = x^m \tag{6.3}$$

が成り立つ．

上の式で x を k とおいて，$k = 0, 1, 2, 3, \ldots, N$ とした場合の和をとると

$$\sum_{k=0}^{N} k^m = \sum_{k=0}^{N} \int_k^{k+1} B_m(x)dx = \int_0^{N+1} B_m(x)dx$$

となる．左辺は $\sum_{k=1}^{N} k^m$ に等しいから

$$\sum_{k=1}^{N} k^m = \int_0^{N+1} B_m(x)dx \tag{6.4}$$

すなわち，自然数のべき乗の和はベルヌーイ多項式を積分することにより求められる．

これを書き改めて

$$\sum_{k=1}^{N} k^m = \int_0^{N+1} B_m(x)dx = \frac{1}{m+1} \int_0^{N+1} B'_{m+1}(x)dx$$

$$= \frac{1}{m+1} \{B_{m+1}(N+1) - B_{m+1}\} \tag{6.5}$$

が得られる．ここでは $B_{m+1}(0) = B_{m+1}$ を使っている．

このようなベルヌーイ多項式を用いて自然数の有限和を求める方法は，ベルヌーイおよび関孝和により発見された．

これまでの結果からつぎのことが言える．

自然数のべき乗の有限和を求める方法には，ベルヌーイ数による場合に加え，(6.4) によりベルヌーイ多項式を積分する方法，および (6.5) により直接ベルヌーイ多項式から求める方法がある．

例えば $m = 3$ の場合でベルヌーイ多項式を積分する方法では，(6.4) によりつぎのようになる．

$$\sum_{k=1}^{N} k^3 = \int_0^{N+1} B_3(x)dx = \int_0^{N+1} \left(x^3 - \frac{3}{2}x^2 + \frac{1}{2}x \right) dx$$

$$= \frac{1}{4} N^2 (N+1)^2$$

同じく $m = 3$ の場合で，(6.5) のベルヌーイ多項式による方法ではつぎのようになる．

$$\sum_{k=1}^{N} k^3 = \frac{1}{4} \{B_4(N+1) - B_4\}$$

$$= \frac{1}{4}\left\{(N+1)^4 - 2(N+1)^3 + (N+1)^2 - \frac{1}{30} + \frac{1}{30}\right\}$$
$$= \frac{1}{4}N^2(N+1)^2$$

つぎに自然数のべき乗の和

$$S_m(N) = 1^m + 2^m + 3^m + \cdots + N^m$$

についての公式を導いてみよう.

ベルヌーイ数 B_m^+ の母関数を用いる方法もあるが,ここではベルヌーイ多項式を積分する方法をもとにして説明することにしたい.この場合,$B_1 = -\frac{1}{2}$, $B_1^+ = \frac{1}{2}$ であるが,その他のベルヌーイ数については $B_m = B_m^+$ となることに注意したい.したがって,とくに

$$1 + B_1 = B_1^+$$

である.

自然数のべき乗の和について

$$\sum_{k=1}^{N} k^m = N^m + \sum_{k=1}^{N-1} k^m = N^m + \int_0^N B_m(x)dx$$
$$= N^m + \int_0^N \sum_{k=0}^{m} \frac{m!}{(m-k)!k!}B_k x^{m-k}dx$$
$$= \frac{B_0}{m+1}N^{m+1} + (1+B_1)N^m + \frac{mB_2}{2!}N^{m-1} + \cdots + B_m N$$
$$= \frac{B_0^+}{m+1}N^{m+1} + B_1^+ N^m + \frac{mB_2^+}{2!}N^{m-1} + \cdots + B_m^+ N$$

となる.これにより

$$S_m(N) = \sum_{k=0}^{m} \binom{m}{k} \frac{N^{m-k+1}}{m-k+1} B_k^+$$

となることが示された.

これまではもっぱら自然数のべき乗の和について考えてきた．ここでは少し範囲を拡げ，整数を対象としたべき乗の有限和について考えてみよう．

(6.3) の式で $x = a, a+1, \cdots, a+N$ を代入してそれらの式の和をとると，以下の式が得られる．

$$\int_a^{a+N+1} B_m(x)dx = a^m + (a+1)^m + (a+2)^m + \cdots + (a+N)^m$$

ここで $a = \dfrac{L}{K}$ とすると

$$\int_{L/K}^{L/K+N+1} B_m(x)dx = \frac{1}{K^m}\sum_{n=0}^N (L+Kn)^m$$

となることから，つぎの結果が得られる．

$$\sum_{n=0}^N (L+Kn)^m = K^m \int_{L/K}^{L/K+N+1} B_m(x)dx \tag{6.6}$$

この式は，とくに L を整数とし，また K を自然数としたときにおいて，$L \bmod K$ を満たす連続する有限個の整数のべき乗（m 乗）の和を計算する場合に適している．そして $m=1$ のときには，等差数列の和についての式になる．

例えば，$N=6, L=1, K=3, m=2$ のときには

$$\sum_{n=0}^6 (1+3n)^2 = 1^2 + 4^2 + 7^2 + \cdots + 19^2$$

$$= 3^2 \int_{1/3}^{1/3+6+1} B_2(x)dx = 9\int_{1/3}^{22/3}\left(x^2 - x + \frac{1}{6}\right)dx = 952$$

また $N=7, L=-6, K=3, m=3$ のときには

$$\sum_{n=0}^7 (-6+3n)^3 = (-6)^3 + (-3)^3 + 0^3 + 3^3 + \cdots + 15^3$$

$$= 3^3 \int_{-2}^{-2+7+1} B_3(x)dx = 3^3 \int_{-2}^6 \left(x^3 - \frac{3}{2}x^2 + \frac{1}{2}x\right)dx = 5832$$

となる．

6.3 オイラー多項式と整数のべき乗の和

初めに，オイラー多項式について説明しておきたい．

前にも述べたように，オイラー数 E_m は以下の

$$\frac{2e^z}{e^{2z}+1} = \sum_{m=0}^{\infty} E_m \frac{z^m}{m!}, \quad \left(\mid z \mid < \frac{\pi}{2} \right)$$

を母関数として，右辺の $\dfrac{z^m}{m!}$ の係数として定められる．

つぎに，ここでのテーマであるオイラー多項式 (Euler polynomials) $E_m(x)$ は

$$\frac{2e^{xz}}{e^z+1} = \sum_{m=0}^{\infty} E_m(x) \frac{z^m}{m!}, \quad (\mid z \mid < \pi)$$

を母関数として

$$E_m(x) = \sum_{k=0}^{m} \binom{m}{k} \frac{E_k}{2^k} (x - \frac{1}{2})^{m-k}$$

で表される．

実際に $m = 0, 1, \cdots, 4$ のときのオイラー多項式 $E_m(x)$ は，それぞれつぎのようになる．

$$E_0(x) = 1$$
$$E_1(x) = x - \frac{1}{2}$$
$$E_2(x) = x^2 - x$$
$$E_3(x) = x^3 - \frac{3}{2}x^2 + \frac{1}{4}$$
$$E_4(x) = x^4 - 2x^3 + x$$

上で示されるように，$E_m(x)$ は最高次の係数が 1 となる x の m 次の多項式である．

なお $E_m(x)$ については，三つの基本的な公式

$$E_m(x+1) + E_m(x) = 2x^m \tag{6.7}$$

$$E'_m(x) = mE_{m-1}(x), \quad (m \neq 0) \tag{6.8}$$

および

$$E_m(1 - x) = (-1)^m E_m(x)$$

が成り立つ.

以降においてはオイラー多項式 $E_m(x)$ を用いて，整数のべき乗の交代級数の第 n 部分和についての式を求めてみたい.

(6.7) の式，この式で x を $x+1$ とおいて (-1) を乗じた式，x を $x+2$ とおいた式，x を $x+3$ とおいて (-1) を乗じた式，以下同じようにして式を立て（偶数番目の式には (-1) を乗じ），最後に x を $x+2N-1(N = 1, 2, \ldots)$ とおいて得られる式，すなわち

$$E_m(x + 1) + E_m(x) = 2x^m$$
$$- E_m(x + 2) - E_m(x + 1) = -2(x + 1)^m$$
$$E_m(x + 3) + E_m(x + 2) = 2(x + 2)^m$$
$$\cdots\cdots\cdots$$
$$- E_m(x + 2N) - E_m(x + 2N - 1) = -2(x + 2N - 1)^m$$

の和をとると

$$E_m(x) - E_m(x + 2N)$$
$$= 2\{x^m - (x + 1)^m + (x + 2)^m - \cdots - (x + 2N - 1)^m\} \tag{6.9}$$

となる. つぎに同じようにして式の和をとるが，今度は x を $x+2N$ とおいた式までの和をとると

$$E_m(x) + E_m(x + 2N + 1)$$
$$= 2\{x^m - (x + 1)^m + (x + 2)^m - \cdots + (x + 2N)^m\} \tag{6.10}$$

となる.

そこで (6.9) において $x = 1$ とすると

$$\sum_{k=1}^{2N} (-1)^{k-1} k^m = \frac{1}{2}(E_m(1) - E_m(2N + 1)) \tag{6.11}$$

となり，最後の項が偶数 $2N$ の場合の式が得られる．また (6.10) において $x = 1$ とすると

$$\sum_{k=1}^{2N+1} (-1)^{k-1} k^m = \frac{1}{2}(E_m(1) + E_m(2N+2)) \tag{6.12}$$

となり，最後の項が奇数 $2N+1$ の場合の式が得られる．

例えば，(6.11) において $N = 5, m = 2$ とおくと

$$1^2 - 2^2 + 3^2 - 4^2 + \cdots - 10^2 = \frac{1}{2}(E_2(1) - E_2(11)) = -55$$

また (6.12) において $N = 10, m = 3$ とおくと

$$1^3 - 2^3 + 3^3 - 4^2 + \cdots + 21^3 = \frac{1}{2}\{E_3(1) + E_3(22)\} = 4961$$

となる．なお (6.11) と (6.12) は，まとめて以下のように表される．

$$\sum_{k=1}^{N} (-1)^{k-1} k^m = \frac{1}{2}\{E_m(1) + (-1)^{N-1} E_m(N+1)\}$$

つぎに式 $E_m(t)$ は $E_{m-1}(t)$ の原始関数であり

$$m \int_0^x E_{m-1}(t)dt = \Big[E_m(t)\Big]_0^x = E_m(x) - E_m(0)$$

となるので

$$E_m(x) = m \int_0^x E_{m-1}(t)dt + E_m(0)$$

が成り立つ．よって (6.11) は

$$\begin{aligned}
\sum_{k=1}^{2N} (-1)^{k-1} k^m &= -\frac{1}{2}\Big\{ \Big(m \int_0^{2N+1} E_{m-1}(t)dt + E_m(0) \Big) \\
&\qquad - \Big(m \int_0^1 E_{m-1}(t)dt + E_m(0) \Big) \Big\} \\
&= -\frac{m}{2} \int_1^{2N+1} E_{m-1}(t)dt
\end{aligned}$$

となり，簡単な積分の形で書き表すことができる．

例えば $N = 7, m = 3$ の場合には以下のとおり．

$$1^3 - 2^3 + 3^3 - 4^3 + \cdots - 14^3$$
$$= -\frac{3}{2}\int_1^{15} E_2(x)dx = -\frac{3}{2}\int_1^{15}(x^2 - x)dx = -1519$$

これまでに得られた結果をもとにして，二つの式，すなわちベルヌーイ多項式 $B_m(x)$ とオイラー多項式 $E_m(x)$ を結ぶ式が得られる．ここではその結果を書いておきたい．

ベルヌーイ多項式を用いた和の式 (6.5)，およびオイラー多項式を用いた和の式 (6.11) から

$$2B_{m+1}(2N+1) - 2^{m+2}B_{m+1}(N+1) + (2^{m+2} - 2)B_{m+1}$$
$$= (m+1)\{E_m(1) - E_m(2N+1)\}$$

が得られる．また (6.5) および (6.12) から

$$2B_{m+1}(2N+2) - 2^{m+2}B_{m+1}(N+1) + (2^{m+2} - 2)B_{m+1}$$
$$= (m+1)\{E_m(1) + E_m(2N+2)\}$$

が得られる．

このようにして得られた二つの式は，いずれもベルヌーイ多項式 $B_m(x)$ とオイラー多項式 $E_m(x)$ との間に成り立つ関係を示した式である．ただしオイラー多項式による和の最後の項が偶数であるか（(6.11) の式），または奇数であるか（(6.12) の式）により，それぞれの式が成り立つのである．

$B_m(x)$ と $E_m(x)$ はそれぞれが別個に定められた式であるが，二つの多項式についたは関係があり，上の式のように結ばれているのである．

第7章

ゼータ関数がなす数列と級数

ゼータ関数 $\zeta(s)$ について，これまでは一つひとつの級数の値などについて考えてきた．ここでは複数のゼータ関数の値による和，商およびそれらがなす数列について考察することにしたい．

正の偶数でのゼータ関数の値はベルヌーイ数を用いた式により与えられるが，これに対して正の奇数での値については，偶数のときのような簡単な式は見出されておらず，良くは判っていないというのが実際のところである．しかしながら，全ての正の整数での値をもとにして得られる和，商および数列などに関しては，シンプルであり，またとても予想ができないような美しい式で表されることがある．

7.1 ゼータ関数から 1 を引いて足し合わせると

ゼータ関数

$$\zeta(s) = \sum_{n=1}^{\infty} \frac{1}{n^s} = 1 + \frac{1}{2^s} + \frac{1}{3^s} + \frac{1}{4^s} + \cdots, \quad (s > 1)$$

の値は，s が正の偶数の場合には，既に述べたようにベルヌーイ数 B_{2m} を用いた式によって値は直ちに求められる．s が正の奇数の場合の値については偶数のときのような簡単な式は現時点では見つかってはいないが，近似値の計算は可能である．オイラーがゼータ関数の値について計算したのは，言うまでもなく未だコンピューターが無かった時代のことである．

実際に $s = 2, 3, \cdots, 10$ の場合の $\zeta(s)$ の値はつぎのようになる．

$$\zeta(2) = 1.644934066 \cdots$$
$$\zeta(3) = 1.202056903 \cdots$$

$$\zeta(4) = 1.082323234\cdots$$
$$\zeta(5) = 1.036927755\cdots$$
$$\zeta(6) = 1.017343062\cdots$$
$$\zeta(7) = 1.008349277\cdots$$
$$\zeta(8) = 1.004077356\cdots$$
$$\zeta(9) = 1.002008393\cdots$$
$$\zeta(10) = 1.000994575\cdots$$

上の各値を見ると，ゼータ関数がなす数列

$$\zeta(2), \zeta(3), \zeta(4), \cdots$$

は 1 に収束することが予想される．実際のところ，この予想は正しいのであり

$$\lim_{s \to \infty} \zeta(s) = 1$$

が成り立つのである．

$\zeta(2), \zeta(3), \zeta(4), \cdots$ のそれぞれの値についての話に戻る．

$\zeta(s)$ の値の小数点以下の数字は，s が大きくなるにつれて値が小さくなることを別にすれば，一見したところ何か特別な意味があるようには思われない．しかし実際のところはどうなのか，これを知るためにいくつかの計算を試みることにする．

初めに小数点以下のみの和からなる無限級数，つまり各ゼータ関数の第 2 項以降からなる級数を足し合わせたときの

$$\sum_{m=2}^{\infty} (\zeta(m) - 1)$$

について考えてみたい．いくつかの項を計算すれば，つぎのようになる．

$$(\zeta(2) - 1) = 0.6449\cdots$$
$$(\zeta(2) - 1) + (\zeta(3) - 1) = 0.8469\cdots$$
$$(\zeta(2) - 1) + (\zeta(3) - 1) + (\zeta(4) - 1) = 0.9293\cdots$$
$$(\zeta(2) - 1) + (\zeta(3) - 1) + \cdots + (\zeta(6) - 1) = 0.9835\cdots$$

7.1 ゼータ関数から 1 を引いて足し合わせると 93

$$(\zeta(2) - 1) + (\zeta(3) - 1) + \cdots + (\zeta(10) - 1) = 0.9990\cdots$$

これにより，$a_n = \sum_{m=2}^{n}(\zeta(m) - 1), (n = 2, 3, 4, \cdots)$ とするとき，数列 $\{a_n\}$ は 1 に収束することが予想される．すなわちつぎの式が成り立つと予想されるのである．

$$(\zeta(2) - 1) + (\zeta(3) - 1) + (\zeta(4) - 1) + \cdots = 1$$

実際ここでの予想は正しいのであり，上の式が成り立つのである．

このことは以下のようにして示される．

まずゼータ関数から 1 を引いた，第 2 項以降の和

$$\sum_{m=2}^{\infty}(\zeta(m) - 1)$$

は絶対収束する級数である．これについては $m \geq 2$ のとき

$$\zeta(m) - 1 \leq \frac{1}{2^{m-2}}(\zeta(2) - 1)$$

である（等号は $m = 2$ のとき）ので，m について和をとれば

$$\sum_{m=2}^{\infty}(\zeta(m) - 1) < \sum_{m=2}^{\infty}\frac{1}{2^{m-2}}(\zeta(2) - 1) = \frac{(\zeta(2) - 1)}{1 - \frac{1}{2}} = 1.2898\cdots$$

が成り立つことにより示される．

よって $\zeta(2), \zeta(3), \zeta(4), \cdots$ のそれぞれの第 2 項以降の和をとったときの級数は，計算過程のなかで和の順序を変えて

$$\sum_{n=2}^{\infty}\frac{1}{n^2} + \sum_{n=2}^{\infty}\frac{1}{n^3} + \sum_{n=2}^{\infty}\frac{1}{n^4} + \cdots = \sum_{n=2}^{\infty}\left(\frac{1}{n^2} + \frac{1}{n^3} + \frac{1}{n^4} + \cdots\right)$$

$$= \sum_{n=2}^{\infty}\frac{1}{n^2}\frac{n}{n-1} = \sum_{n=2}^{\infty}\left(\frac{1}{n-1} - \frac{1}{n}\right)$$

$$= \left(1 - \frac{1}{2}\right) + \left(\frac{1}{2} - \frac{1}{3}\right) + \left(\frac{1}{3} - \frac{1}{4}\right) + \cdots = 1$$

となる．したがって

$$\sum_{m=2}^{\infty} (\zeta(m) - 1) = 1$$

が成り立つことが示される.

このように，2以上の全ての整数に対するゼータ関数の第2項以降を足し合わせた場合には，値はぴったり1となるのであり，綺麗な式となって現れるのである．

つぎに上の式で，m を正の偶数の場合と，正の奇数の場合とに分けたときの級数について考えてみよう．

二つの級数の値は，これまでと同じような方法により求められる．このうち m が偶数の場合では，つぎのようになる．

$$(\zeta(2) - 1) + (\zeta(4) - 1) + (\zeta(6) - 1) + \cdots = \frac{3}{4}$$

ゼータ関数の正の偶数での値は円周率 π で表され

$$\zeta(2) = \frac{\pi^2}{6}, \quad \zeta(4) = \frac{\pi^4}{90}, \quad \zeta(6) = \frac{\pi^6}{945}, \quad \zeta(8) = \frac{\pi^8}{9450}, \quad \cdots$$

などとなる．しかし上の式によれば，それぞれの値から1を引いたときになす数列の和，つまり級数の値には π が現れることはなく，丁度 $\frac{3}{4}$ になるのである．

つぎに奇数の場合ではつぎのようになる．

$$(\zeta(3) - 1) + (\zeta(5) - 1) + (\zeta(7) - 1) + \cdots = \frac{1}{4}$$

ゼータ関数の正の奇数での値に関しては，偶数のときにような式は今のところは見出されていない．ところが，それぞれの値から1を引いたときになす無限数列の和は容易に求められ，シンプルな有理数で表されるのである．

それにしてもこのように各級数の和が丁度 $\frac{3}{4}$ または $\frac{1}{4}$ となるということは，それぞれの左辺からは直ぐには思いつかないことであり，とても不思議なことである．

これまではゼータ関数の第1項を引いた場合の級数について調べたのであるが，こんどは第2項までを引いた場合について考えてみたい．

7.1 ゼータ関数から 1 を引いて足し合わせると

少し計算をすると，このときの数列は以下のようになる．

$$\zeta(2) - 1 - \frac{1}{2^2} = 0.3949\cdots$$

$$\left(\zeta(2) - 1 - \frac{1}{2^2}\right) + \left(\zeta(3) - 1 - \frac{1}{2^3}\right) = 0.4719\cdots$$

$$\left(\zeta(2) - 1 - \frac{1}{2^2}\right) + \left(\zeta(3) - 1 - \frac{1}{2^3}\right) + \left(\zeta(4) - 1 - \frac{1}{2^4}\right) = 0.4918\cdots$$

この計算を続けると，数列は $\frac{1}{2}$ に収束すること，したがってつぎの式が成り立つが予想されるのである．

$$\left(\zeta(2) - 1 - \frac{1}{2^2}\right) + \left(\zeta(3) - 1 - \frac{1}{2^3}\right) + \left(\zeta(4) - 1 - \frac{1}{2^4}\right) + \cdots = \frac{1}{2}$$

そして，第 3 項までを差引いた場合，さらには第 k 項までを差引いた場合において，残った級数の和について同様な計算を試みる．すると，つぎの結果となることが予想されるのである．

第 k 項までを引いた場合には

$$\left(\zeta(2) - 1 - \frac{1}{2^2} - \frac{1}{3^2} - \cdots - \frac{1}{k^2}\right) + \left(\zeta(3) - 1 - \frac{1}{2^3} - \frac{1}{3^3} - \cdots - \frac{1}{k^3}\right)$$
$$+ \left(\zeta(4) - 1 - \frac{1}{2^4} - \frac{1}{3^4} - \cdots - \frac{1}{k^4}\right) + \cdots = \frac{1}{k}$$

実際，上で挙げた式は正に成り立つのである．

このことはつぎのようにして示される．まず，それぞれの級数は絶対収束する級数である．第 k 項まで引いた場合については第 $k+1$ 項以降の和をとればよいので，以下の計算をする．

前述の第 2 項以降の和をとったときの $\sum_{n=2}^{\infty}$ における 2 を $k+1$ に変更すればよいので，同じような式変形により

$$\sum_{n=k+1}^{\infty} \frac{1}{n^2} + \sum_{n=k+1}^{\infty} \frac{1}{n^3} + \sum_{n=k+1}^{\infty} \frac{1}{n^4} + \cdots = \sum_{n=k+1}^{\infty} \left(\frac{1}{n-1} - \frac{1}{n}\right)$$
$$= \left(\frac{1}{k} - \frac{1}{k+1}\right) + \left(\frac{1}{k+1} - \frac{1}{k+2}\right) + \left(\frac{1}{k+2} - \frac{1}{k+3}\right) + \cdots$$

$$= \frac{1}{k}$$

が導かれる．つまり，各ゼータ関数から第 k 項までを引いて残りの級数を足し合わせたときには，その和は丁度 $\frac{1}{k}$ になる．

このように見てくると，ゼータ関数にはあたかも不思議な性質があり，そこにはエレガントな式が隠されているかのようである．

7.2 ゼータ関数の商による数列

ゼータ関数の正の整数での値から第 1 項つまり 1 を引いた場合について，隣り合う二つの値の比がなす数列について考える．

数列のいくつかの項を抜き出して書けば，以下のとおり．

$$\frac{\zeta(3) - 1}{\zeta(2) - 1} = 0.3132\cdots$$

$$\frac{\zeta(4) - 1}{\zeta(3) - 1} = 0.4074\cdots$$

$$\frac{\zeta(5) - 1}{\zeta(4) - 1} = 0.4485\cdots$$

$$\frac{\zeta(6) - 1}{\zeta(5) - 1} = 0.4696\cdots$$

$$\frac{\zeta(10) - 1}{\zeta(9) - 1} = 0.4952\cdots$$

この数列によれば，値の比は次第に $\frac{1}{2}$ に近づくことが予想される．

同じように考え，$\zeta(m)$ の第 2 項までを引いた二つの値の比がなす数列を見た場合，その極限値は以下のように $\frac{1}{3}$ になると予想される．

$$\frac{\zeta(3) - 1 - 2^{-3}}{\zeta(2) - 1 - 2^{-2}} = 0.1951\cdots$$

$$\frac{\zeta(4) - 1 - 2^{-4}}{\zeta(3) - 1 - 2^{-3}} = 0.2572\cdots$$

$$\frac{\zeta(6) - 1 - 2^{-6}}{\zeta(5) - 1 - 2^{-5}} = 0.3025\cdots$$

$$\frac{\zeta(10) - 1 - 2^{-10}}{\zeta(9) - 1 - 2^{-9}} = 0.3268\cdots$$

$$\frac{\zeta(13) - 1 - 2^{-13}}{\zeta(12) - 1 - 2^{-12}} = 0.3304\cdots$$

改めて式で書けば,第 1 項の 1 を引いたときの比についての極限は

$$\lim_{m \to \infty} \frac{\zeta(m+1) - 1}{\zeta(m) - 1} = \frac{1}{2}$$

になると予想され,また第 2 項までを引いたときの比について,極限は

$$\lim_{m \to \infty} \frac{\zeta(m+1) - 1 - 2^{-(m+1)}}{\zeta(m) - 1 - 2^{-m}} = \frac{1}{3}$$

となることが予想される.さらに一般的には,ゼータ関数の第 k 項まで引いたときの二つの値の比について,$m \to \infty$ とすると極限値は $\dfrac{1}{k+1}$ となること,すなわち

$$\lim_{m \to \infty} \frac{\displaystyle\sum_{n=1}^{\infty} \frac{1}{n^{m+1}} - \sum_{n=1}^{k} \frac{1}{n^{m+1}}}{\displaystyle\sum_{n=1}^{\infty} \frac{1}{n^m} - \sum_{n=1}^{k} \frac{1}{n^m}} = \lim_{m \to \infty} \frac{\displaystyle\sum_{n=k+1}^{\infty} \frac{1}{n^{m+1}}}{\displaystyle\sum_{n=k+1}^{\infty} \frac{1}{n^m}} = \frac{1}{k+1}$$

が成り立つと予想されるのである.

　実際のところ,上で述べた予想は正しいのである.

　そこで以下において,このことを確かめてみよう.

　$\zeta_k(m)$ を

$$\zeta_k(m) = \sum_{n=k+1}^{\infty} \frac{1}{n^m}$$

で表す.このとき先に

$$\lim_{m \to \infty} \frac{(k+1)^m \zeta_k(m+1) - (k+1)^{m-1} \zeta_k(m)}{(k+1)^m \zeta_k(m)} = 0$$

となることを示す.左辺の分母 $(k+1)^m \zeta_k(m)$ について

$$(k+1)^m \zeta_k(m)$$

$$= (k+1)^m \left(\frac{1}{(k+1)^m} + \frac{1}{(k+2)^m} + \frac{1}{(k+3)^m} + \cdots \right)$$

$$= 1 + (k+1)^m \left(\frac{1}{(k+2)^m} + \frac{1}{(k+3)^m} + \cdots \right)$$

となる. 第2項は

$$\leq (k+1)^m \sum_{n=k+2}^{\infty} \int_{n-1}^{n} x^{-m} dx = (k+1)^m \int_{k+1}^{\infty} x^{-m} dx$$

$$= (k+1)^m \lim_{K \to \infty} \int_{k+1}^{K} x^{-m} dx$$

$$= (k+1)^m \lim_{K \to \infty} \left(\frac{K^{1-m} - (k+1)^{1-m}}{1-m} \right)$$

$$= (k+1)^m \frac{(k+1)^{1-m}}{m-1} = \frac{k+1}{m-1}$$

であるが, $m \to \infty$ とすれば $\dfrac{k+1}{m-1} \to 0$ なので

$$\lim_{m \to \infty} (k+1)^m \zeta_k(m) = 1$$

が得られる.

話は逸れるが, 上の式において $k=0$ を代入すると

$$\lim_{m \to \infty} \zeta(m) = 1$$

となる. すなわち数列

$$\zeta(2), \zeta(3), \zeta(4), \cdots$$

は 1 に収束することが, ここでも示される.

そして, 同じようにして

$$\lim_{m \to \infty} (k+1)^{m+1} \zeta_k(m+1) = 1$$

が得られる.

これらの結果により

$$\lim_{m \to \infty} \frac{(k+1)^m \zeta_k(m+1) - (k+1)^{m-1} \zeta_k(m)}{(k+1)^m \zeta_k(m)}$$

$$= \lim_{m \to \infty} \frac{\dfrac{1}{k+1}(k+1)^{m+1}\zeta_k(m+1) - \dfrac{1}{k+1}(k+1)^m \zeta_k(m)}{(k+1)^m \zeta_k(m)}$$

$$= \frac{1}{k+1} - \frac{1}{k+1} = 0$$

すなわち

$$\lim_{m \to \infty}\{(k+1)^m \zeta_k(m+1) - (k+1)^{m-1}\zeta_k(m)\} = 0$$

となって

$$\lim_{m \to \infty} \frac{\zeta_k(m+1)}{\zeta_k(m)} = \frac{1}{k+1}$$

が示される. 以上により予想していた式が導かれた訳である.

なお, この式において特に $k=0$ とすれば

$$\lim_{m \to \infty} \frac{\zeta(m+1)}{\zeta(m)} = 1$$

が得られる.

7.3 連続する三つの整数のゼータ関数の値から

連続する三つの正の整数でのゼータ関数の値の和について考える. それをもとに, 正の偶数での値を既知として正の奇数での値を表す式についても考えてみたい.

つぎの三つの式について考える.

$$\zeta(2) = 1 + \frac{1}{2^2} + \frac{1}{3^2} + \cdots + \frac{1}{(n+1)^2} + \cdots = \frac{\pi^2}{6}$$

$$\zeta(3) = 1 + \frac{1}{2^3} + \frac{1}{3^3} + \cdots + \frac{1}{(n+1)^3} + \cdots$$

$$\zeta(4) = 1 + \frac{1}{2^4} + \frac{1}{3^4} + \cdots + \frac{1}{(n+1)^4} + \cdots = \frac{\pi^4}{90}$$

三つの無限級数の和は絶対収束するので, n が同じ項の和をとると

$$\zeta(2) + \zeta(3) + \zeta(4)$$

$$= 3 + \sum_{n=1}^{\infty} \left(\frac{1}{(n+1)^2} + \frac{1}{(n+1)^3} + \frac{1}{(n+1)^4} \right)$$

となる. 右辺の第 2 項の和は, 等比数列の和の公式を使えば

$$= \sum_{n=1}^{\infty} \left(\frac{1}{n(n+1)} - \frac{1}{n(n+1)^4} \right) = \sum_{n=1}^{\infty} \frac{1}{n(n+1)} - \sum_{n=1}^{\infty} \frac{1}{n(n+1)^4}$$

であり, さらに

$$\sum_{n=1}^{\infty} \frac{1}{n(n+1)} = \sum_{n=1}^{\infty} \left(\frac{1}{n} - \frac{1}{n+1} \right)$$
$$= \left(\frac{1}{1} - \frac{1}{2} \right) + \left(\frac{1}{2} - \frac{1}{3} \right) + \left(\frac{1}{3} - \frac{1}{4} \right) + \left(\frac{1}{4} - \frac{1}{5} \right) + \cdots = 1$$

となるので, 初めの式に戻ると

$$\zeta(2) + \zeta(3) + \zeta(4) = 4 - \sum_{n=1}^{\infty} \frac{1}{n(n+1)^4}$$

となることが分かる. ここで $\zeta(2) = \dfrac{\pi^2}{6}$, $\zeta(4) = \dfrac{\pi^4}{90}$ であり, したがって

$$\zeta(3) = 4 - \left(\frac{\pi^2}{6} + \frac{\pi^4}{90} \right) - \sum_{n=1}^{\infty} \frac{1}{n(n+1)^4}$$

が得られる.

同様な計算方法により, 一般的に

$$\zeta(2m) + \zeta(2m+1) + \zeta(2m+2)$$
$$= 3 + \sum_{n=1}^{\infty} \frac{1}{n} \left(\frac{1}{(n+1)^{2m-1}} - \frac{1}{(n+1)^{2m+2}} \right)$$

となる. この式は偶数, 奇数, 偶数の 3 つの連続した整数でのゼータ関数の値についての関係を示した式である. これにより

$$\zeta(2m+1) = 3 + \sum_{n=1}^{\infty} \frac{1}{n} \left(\frac{1}{(n+1)^{2m-1}} - \frac{1}{(n+1)^{2m+2}} \right)$$

$$- \zeta(2m) - \zeta(2m+2)$$

となる．この式は正の奇数での値 $\zeta(2m+1)$ を既知である二つの値 $\zeta(2m)$，$\zeta(2m+2)$ および，ある無限級数を用いて表した式である．

例えば $m = 2$ の場合には $\zeta(4) = \dfrac{\pi^4}{90}$, $\zeta(6) = \dfrac{\pi^6}{945}$ であるので

$$\zeta(5) = 3 + \sum_{n=1}^{\infty} \frac{1}{n} \left(\frac{1}{(n+1)^3} - \frac{1}{(n+1)^6} \right) - \frac{\pi^4}{90} - \frac{\pi^6}{945}$$

となる．ただしこの式には無限級数 $\sum_{n=1}^{\infty} \dfrac{1}{n(n+1)^3}$ が含まれているため，もとの式より収束が遅くなる．

前述のように，m が 3 以上の奇数の場合の $\zeta(m)$ の値については，今のところ（ベルヌーイ数を用いた）偶数のときのような簡単な形では示されていない．このなかで，$\zeta(3)$ が無理数であることが 1978 年にロジェ・アペリ（Apery, Roger）により証明された．このため $\zeta(3)$ はアペリ定数と呼ばれることがある．

奇数のゼータ関数については，まだ未知の部分が残されていて奥の深いものがあるように思われ，多くの研究の対象となっているのである．

第8章

ガンマ関数

　ガンマ関数をわざわざ取り上げるのは，この関数が今の主要なテーマであるゼータ関数と深い関係があり，本書のなかでは頻出するためである．

　ガンマ関数の対数をとり微分することにより，ディガンマ関数が導かれる．なかでもガンマ関数の相補公式から導かれるディガンマ関数の相補公式はとくに重要な関数であり，以降で現れるさまざまな無限級数の出発点にもなっているのである．

　ある積分で定義されたガンマ関数であるが，この関数から得られるディガンマ関数は，エキゾチックな級数，不思議な級数などが見られる，素晴らしい無限級数の世界へと導いてくれるのである．

8.1　ガンマ関数とディガンマ関数

ガンマ関数（Gamma function）$\Gamma(x)$ は $x > 0$ において，積分

$$\Gamma(x) = \int_0^\infty e^{-t} t^{x-1} dt$$

により定義される．このガンマ関数については，重要な式である関数等式

$$\Gamma(x+1) = x\Gamma(x)$$

が成り立つ．これは部分積分により

$$\Gamma(x+1) = \int_0^\infty e^{-t} t^x dt = \lim_{K\to\infty} \int_0^K e^{-t} t^x dt$$

$$= \lim_{K\to\infty} \left(\left[-e^{-t} t^x \right]_0^K + x \int_0^K e^{-t} t^{x-1} dt \right)$$

$$= \lim_{K \to \infty} \left(-e^{-K}K^x + x \int_0^K e^{-t}t^{x-1}dt \right)$$

$$= x \int_0^\infty e^{-t}t^{x-1}dt = x\Gamma(x)$$

となることにより示される.

上の式を

$$\Gamma(x) = \frac{\Gamma(x+1)}{x}$$

と書き直す. このとき例えば $x = -\dfrac{1}{3}$ の場合には $\Gamma\left(-\dfrac{1}{3}\right) = -3\Gamma\left(\dfrac{2}{3}\right)$ となることからわかるように, $-1 < x < 0$ においても x を定めることができる (x が定義される). さらに $-2 < x < -1$ については, 例えば $\Gamma\left(-\dfrac{4}{3}\right) = -\dfrac{3}{4}\Gamma\left(-\dfrac{1}{3}\right)$ からわかるように, この範囲でも x を定めることができる. 同じように繰り返すことで, 最初に与えられた定義域 $x > 0$ を延長し, $x < 0$ を定義域とすることができる. ただし, $x \neq 0, -1, -2, \cdots$ である.

以降で話題となるゼータ関数や L 関数は, このガンマ関数が源になっているとも言え, その意味において, この関数は重要な役割を担っているのである.

なお, ガンマ関数はオイラーにより導入されたものである.

つぎに, ガンマ関数 $\Gamma(x)$ の特別な場合の値を求めることにしたい. これらの値は, 後において必要となるものである.

$x = 1$ のとき

$$\Gamma(1) = \int_0^\infty e^{-t}dt = \lim_{K \to \infty} \int_0^K e^{-t}dt = \lim_{K \to \infty} \left(-\frac{1}{e^K} + 1 \right) = 1$$

である. また x が自然数 n のときには, 関数等式を適用して

$$\Gamma(n) = (n-1)\Gamma(n-1)$$
$$= (n-1)(n-2)\Gamma(n-2) = \cdots = (n-1)!$$

となる. それゆえ

$$\Gamma(2) = 1$$
$$\Gamma(3) = 2$$

などの値が得られる.

つぎに公式

$$\int_0^\infty e^{-t^2} dt = \frac{\sqrt{\pi}}{2}$$

を用いて

$$\Gamma\left(\frac{1}{2}\right) = \int_0^\infty e^{-t} t^{-\frac{1}{2}} dt = 2\int_0^\infty e^{-u^2} du = \sqrt{\pi}$$

が示される. また関数等式に $x = \dfrac{1}{2}$ を代入すれば, $\Gamma\left(\dfrac{3}{2}\right)$ の値は

$$\Gamma\left(\frac{3}{2}\right) = \frac{1}{2}\Gamma\left(\frac{1}{2}\right) = \frac{\sqrt{\pi}}{2}$$

となる. さらに, 一般的に $\Gamma\left(n + \dfrac{1}{2}\right)$ の値は

$$\Gamma\left(n + \frac{1}{2}\right) = \frac{(2n-1)(2n-3)(2n-5)\cdots 5 \cdot 3 \cdot 1 \cdot \sqrt{\pi}}{2^n}$$

と表されるのである.

ガンマ関数 $\Gamma(x)$ は, 以下の極限によって表される.

$$\Gamma(x) = \lim_{n\to\infty} \frac{n! n^x}{x(x+1)(x+2)\cdots(x+n)}, \quad (x \neq 0, \ 1, \ -2, \cdots)$$

これはガウス (Gauss) の公式と呼ばれている.

つぎに, ガンマ関数についてのワイヤシュトラス (Weierstrass) の積表示は

$$\frac{1}{\Gamma(x)} = xe^{\gamma x}\prod_{n=1}^\infty \left(1 + \frac{x}{n}\right)e^{-x/n}, \quad (x \neq 0, -1, -2, \ldots)$$

で表される. ただし γ は

$$\gamma = \lim_{n\to\infty}\left(1 + \frac{1}{2} + \frac{1}{3} + \cdots + \frac{1}{n} - \log n\right)$$

で定義されるオイラーの定数（$\gamma = 0.577215664\cdots$）である.

このワイヤシュトラスの積表示は，ガウスの公式から導かれる.

$$
\begin{aligned}
\frac{1}{\Gamma(x)} &= \lim_{n\to\infty} \frac{x(x+1)(x+2)\cdots(x+n)}{n!n^x} \\
&= \lim_{n\to\infty} n^{-x} x \frac{1+x}{1}\frac{2+x}{2}\cdots\frac{n+x}{n} \\
&= \lim_{n\to\infty} e^{-x\log n} x \prod_{k=1}^{n}\left(1+\frac{x}{k}\right) \\
&= \lim_{n\to\infty} e^{x+\frac{x}{2}+\frac{x}{3}+\cdots+\frac{x}{n}-x\log n}e^{-x-\frac{x}{2}-\frac{x}{3}-\cdots-\frac{x}{n}} x \prod_{k=1}^{n}\left(1+\frac{x}{k}\right) \\
&= e^{x\gamma} x \prod_{k=1}^{\infty}\left(1+\frac{x}{k}\right)e^{-\frac{x}{k}}
\end{aligned}
$$

ワイヤシュトラスの積表示の対数をとれば

$$
-\log\Gamma(x) = \log x + \gamma x + \sum_{n=1}^{\infty}\left(\log\left(1+\frac{x}{n}\right)-\frac{x}{n}\right)
$$

となる. そして x で微分をすれば $\psi(x)$ を展開する式

$$
\psi(x) = -\gamma - \frac{1}{x} + \sum_{n=1}^{\infty}\left(\frac{1}{n}-\frac{1}{x+n}\right) = -\gamma + \sum_{n=1}^{\infty}\left(\frac{1}{n}-\frac{1}{x+n-1}\right)
$$

が導かれる. ただし $\psi(x)$ はディガンマ関数（digamma function）と呼ばれ

$$
\psi(x) = \frac{d}{dx}\log\Gamma(x) = \frac{\Gamma'(x)}{\Gamma(x)}
$$

である. 上の式をさらに微分すると

$$
\psi'(x) = \sum_{n=1}^{\infty}\frac{1}{(x+n-1)^2} = \sum_{n=0}^{\infty}\frac{1}{(x+n)^2}
$$

となる. そこで，それぞれの式において $x=1$ とおけば

$$
\psi(1) = -\gamma
$$

$$\psi'(1) = \sum_{n=1}^{\infty} \frac{1}{n^2} = \zeta(2)$$

などの値が得られる.

$\psi(x)$ の式に戻り, x について連続的に k 回微分すれば

$$\psi^{(k)}(x) = \sum_{n=1}^{\infty} \frac{(-1)^{k+1}k!}{(x+n-1)^{k+1}} = \sum_{n=0}^{\infty} \frac{(-1)^{k+1}k!}{(x+n)^{k+1}}$$

と表されることが分かる.

ワイヤシュトラスの積表示をもとにして得られる式について, 少し調べてみよう. ここで $|x| < 1$ とする.

この積表示の両辺を x で割ると, $\Gamma(x+1) = x\Gamma(x)$ であるので

$$\frac{1}{\Gamma(x+1)} = e^{\gamma x} \prod_{n=1}^{\infty} \left(1 + \frac{x}{n}\right) e^{-x/n}$$

となる. 両辺の対数をとれば

$$\begin{aligned}
\log \Gamma(x+1) &= -\gamma x + \sum_{n=1}^{\infty} \left(\frac{x}{n} - \log\left(1 + \frac{x}{n}\right)\right) \\
&= -\gamma x + \sum_{n=1}^{\infty} \left(\frac{x^2}{2n^2} - \frac{x^3}{3n^3} + \frac{x^4}{4n^4} - \frac{x^5}{5n^5} + \cdots\right) \\
&= -\gamma x + \frac{1}{2}\left(1 + \frac{1}{2^2} + \frac{1}{3^2} + \cdots\right)x^2 \\
&\quad - \frac{1}{3}\left(1 + \frac{1}{2^3} + \frac{1}{3^3} + \cdots\right)x^3 \\
&\quad + \frac{1}{4}\left(1 + \frac{1}{2^4} + \frac{1}{3^4} + \cdots\right)x^4 - \cdots
\end{aligned}$$

したがって

$$\log \Gamma(x+1) = -\gamma x + \frac{\zeta(2)}{2}x^2 - \frac{\zeta(3)}{3}x^3 + \frac{\zeta(4)}{4}x^4 - \cdots, \quad (|x| < 1)$$

と表される. なお式を変形するなかで, テイラー展開

$$\log(1 + x) = x - \frac{x^2}{2} + \frac{x^3}{3} - \frac{x^4}{4} + \cdots, \quad (-1 < x \leq 1)$$

を適用している.

さらに $\log \Gamma(x+1)$ の展開式の両辺を微分すると

$$\psi(x+1) = -\gamma + \zeta(2)x - \zeta(3)x^2 + \zeta(4)x^3 - \cdots, \quad (\mid x \mid < 1)$$

が得られる.

上の $\psi(x+1)$ のべき級数展開の特徴は, $\log \Gamma(x+1)$ の展開式についても同じであるが, 係数にオイラーの定数およびゼータ関数 $\zeta(s)$ の正の整数での値が順に現れていることである. この式は, 以降においてしばしば用いられることになる.

つぎに, ディガンマ関数についての漸化式を導入する.

ガンマ関数についての関数等式

$$\Gamma(x+1) = x\Gamma(x)$$

の対数をとり, 両辺を微分すれば

$$\frac{\Gamma'(x+1)}{\Gamma(x+1)} = \frac{1}{x} + \frac{\Gamma'(x)}{\Gamma(x)}$$

となる. この式は

$$\psi(x+1) = \psi(x) + \frac{1}{x}$$

と書き換えられ, ディガンマ関数 $\psi(x)$ についての漸化式が得られる.

これを用いて, $\psi(n)$ および $\psi\left(n + \frac{1}{2}\right)$ の値を求めてみよう.

$x = n - 1, (n = 2, 3, 4, \cdots)$ とおいて, $\psi(x)$ についての漸化式を繰り返し適用すれば, $\psi(n)$ は

$$\psi(n) = \psi(n-1) + \frac{1}{n-1} = \psi(n-2) + \frac{1}{n-1} + \frac{1}{n-2}$$

$$= \quad \cdots\cdots\cdots\cdots\cdots$$

$$= \psi(1) + \frac{1}{n-1} + \frac{1}{n-2} + \cdots + \frac{1}{1} = -\gamma + \sum_{k=1}^{n-1} \frac{1}{k}$$

と書き表されることが分かる.

例えば

$$\psi(2) = 1 - \gamma, \quad \psi(3) = \frac{3}{2} - \gamma$$

などの値が得られる.

また $\psi\left(n + \frac{1}{2}\right), (n = 1, 2, 3, \cdots)$ の値は

$$\psi\left(n + \frac{1}{2}\right) = -\gamma - 2\log 2 + 2\sum_{k=0}^{n-1} \frac{1}{2k+1}$$

となるのであるが,この式もディガンマ関数についての漸化式を繰り返し適用することで導かれる.

例えば $n = 1$ の場合には

$$\psi\left(\frac{3}{2}\right) = 2 - \gamma - 2\log 2$$

となる.

8.2　ディガンマ関数についての二つの公式

ガンマ関数については,つぎの 2 倍公式が知られている.

$$\sqrt{\pi}\Gamma(2x) = 2^{2x-1}\Gamma(x)\Gamma\left(x + \frac{1}{2}\right)$$
$$\left(x \neq 0, -1, -2, \ldots, \quad x \neq -\frac{1}{2}, -\frac{2}{2}, -\frac{3}{2}, \cdots\right)$$

この式の対数をとり微分すれば

$$2\psi(2x) = 2\log 2 + \psi(x) + \psi\left(x + \frac{1}{2}\right)$$

となって,三つのディガンマ関数を結ぶ式が得られる.これを,以降ではディガンマ関数の 2 倍公式と呼ぶことにする.

この公式で $x = \frac{1}{2}$ とすれば $\psi(1) = -\gamma$ であったので

$$\psi\left(\frac{1}{2}\right) = -2\log 2 - \gamma$$

110　　　　　　　　　　第8章　ガンマ関数

となる．他方で $\psi(x)$ を展開する式により

$$\psi\left(\frac{1}{2}\right) = -\gamma - 2 + \sum_{n=1}^{\infty}\left(\frac{1}{n} - \frac{1}{\frac{1}{2}+n}\right)$$

$$= -\gamma - 2\left(1 - \frac{1}{2} + \frac{1}{3} - \frac{1}{4} + \frac{1}{5} - \cdots\right)$$

となる．

この二つの式を比較すれば，$\log 2$ は

$$\log 2 = 1 - \frac{1}{2} + \frac{1}{3} - \frac{1}{4} + \frac{1}{5} - \cdots$$

となるが，これはメルカトールの級数の別証明である．

再びガンマ関数にもどる．こんどはガンマ関数についてのもう一つの公式である相補公式

$$\Gamma(x)\Gamma(1-x) = \frac{\pi}{\sin \pi x}, \quad (x \neq 0, \pm 1, \pm 2, \ldots)$$

から出発する．

両辺の対数をとり微分すると

$$\psi(1-x) - \psi(x) = \pi \cot \pi x$$

を得る．この式は後において頻出するので，以降ではディガンマ関数の相補公式と呼ぶことにする．

この公式を x について k 回連続的に微分すると

$$(-1)^k \psi^{(k)}(1-x) - \psi^{(k)}(x) = \pi \frac{d^k}{dx^k} \cot \pi x$$

となる．後に説明するように，この式はゼータ関数や L 関数の値を求める際において，基本となる式である．

ガンマ関数の相補公式とワイヤシュトラスの積表示から，$\sin \pi x$ の無限積表示を導くことができる．

8.2 ディガンマ関数についての二つの公式 111

$$\sin \pi x = \frac{\pi}{\Gamma(x)\Gamma(1-x)} = \frac{\pi}{-x\Gamma(x)\Gamma(-x)}$$

$$= \frac{\pi}{-x} e^{x\gamma} x \prod_{n=1}^{\infty} \left(1 + \frac{x}{n}\right) e^{-x/n} \cdot e^{-x\gamma} (-x) \prod_{n=1}^{\infty} \left(1 - \frac{x}{n}\right) e^{x/n}$$

$$= \pi x \prod_{n=1}^{\infty} \left(1 - \frac{x^2}{n^2}\right)$$

これにより，オイラーが $\zeta(2), \zeta(4), \cdots$ などの値を求めた際の $\sin x$ についての無限積表示が得られる．

　以降では，ディガンマ関数の相補公式をもとにして話を進める．
　この公式に $\psi(x)$ を展開する式

$$\psi(x) = -\gamma + \sum_{n=1}^{\infty} \left(\frac{1}{n} - \frac{1}{x+n-1}\right)$$

および，$\psi(1-x)$ を展開する式

$$\psi(1-x) = -\gamma + \sum_{n=1}^{\infty} \left(\frac{1}{n} - \frac{1}{n-x}\right)$$

を適用すれば

$$\sum_{n=1}^{\infty} \left(\frac{1}{n} - \frac{1}{n-x}\right) - \sum_{n=1}^{\infty} \left(\frac{1}{n} - \frac{1}{n+x-1}\right) = \pi \cot \pi x$$

が成り立つ．
　そこで，この式を用いたときの一つの例を挙げる．
　$x = \dfrac{1}{4}$ とおいたとき，左辺はカッコの外し方に注意して

$$\left\{\left(1 - \frac{4}{3}\right) + \left(\frac{1}{2} - \frac{4}{7}\right) + \left(\frac{1}{3} - \frac{4}{11}\right) + \left(\frac{1}{4} - \frac{4}{15}\right) + \cdots\right\}$$

$$- \left\{\left(1 - 4\right) + \left(\frac{1}{2} - \frac{4}{5}\right) + \left(\frac{1}{3} - \frac{4}{9}\right) + \left(\frac{1}{4} - \frac{4}{13}\right) + \cdots\right\}$$

$$= \left\{\left(1 - \frac{4}{3}\right) - \left(1 - 4\right)\right\} + \left\{\left(\frac{1}{2} - \frac{4}{7}\right) - \left(\frac{1}{2} - \frac{4}{5}\right)\right\}$$

$$+\left\{\left(\frac{1}{3}-\frac{4}{11}\right)-\left(\frac{1}{3}-\frac{4}{9}\right)\right\}+\left\{\left(\frac{1}{4}-\frac{4}{15}\right)-\left(\frac{1}{4}-\frac{4}{13}\right)\right\}+\cdots$$
$$=4\left\{1-\frac{1}{3}+\frac{1}{5}-\frac{1}{7}+\frac{1}{9}-\frac{1}{11}+\frac{1}{13}-\frac{1}{15}+\cdots\right\}$$

となり，また右辺は

$$\pi\cot\frac{\pi}{4}=\pi$$

である．したがって二つの式から，ライプニッツの級数

$$1-\frac{1}{3}+\frac{1}{5}-\frac{1}{7}+\frac{1}{9}-\frac{1}{11}+\frac{1}{13}-\frac{1}{15}+\cdots=\frac{\pi}{4}$$

が得られる．

つぎに，今の方法を一般化した場合について考えてみよう．

$x=\dfrac{1}{N},(N>2)$ とおいた場合にも，同様な方法により計算ができる．実際，このときの結果はシンプルで，綺麗な式となり

$$1-\frac{1}{N-1}+\frac{1}{N+1}-\frac{1}{2N-1}+\frac{1}{2N+1}-\frac{1}{3N-1}+\cdots=\frac{\pi}{N}\cot\frac{\pi}{N}$$

が得られる．

ここで，式の N に適当な自然数を代入してみる．このとき，$N=4$ を代入したのがライプニッツの級数であった．そこで $N=3$ とすれば

$$1-\frac{1}{2}+\frac{1}{4}-\frac{1}{5}+\frac{1}{7}-\frac{1}{8}+\cdots=\frac{\pi}{3\sqrt{3}}$$

となり，また $N=6$ とすれば

$$1-\frac{1}{5}+\frac{1}{7}-\frac{1}{11}+\frac{1}{13}-\frac{1}{17}+\cdots=\frac{\pi}{2\sqrt{3}}$$

となって，それぞれの級数が現れるのである．

つぎのステップとして，x の値を変えたときに得られる複数の級数の組合せを考えてみたい．

これまでは $x=\dfrac{1}{N}$ の場合を見たのであるが，$x=\dfrac{2}{N},(N>4)$ とおいた場合にも同様な方法によって

$$\frac{1}{2} - \frac{1}{N-2} + \frac{1}{N+2} - \frac{1}{2N-2} + \frac{1}{2N+2} - \frac{1}{3N-2} + \cdots = \frac{\pi}{N} \cot \frac{2\pi}{N}$$

が得られる.

そこで, 実際の例を見てみよう.

上の二つの式において $N=5$ とおいた場合には, つぎのようになる. すなわち $x = \dfrac{1}{5}$ の場合では

$$1 - \frac{1}{4} + \frac{1}{6} - \frac{1}{9} + \frac{1}{11} - \frac{1}{14} + \cdots = \frac{\pi}{5} \cot \frac{\pi}{5}$$

となり, また $x = \dfrac{2}{5}$ の場合では

$$\frac{1}{2} - \frac{1}{3} + \frac{1}{7} - \frac{1}{8} + \frac{1}{12} - \frac{1}{13} + \cdots = \frac{\pi}{5} \cot \frac{2\pi}{5}$$

となる.

そこで今得られた二つの式の差をとれば, 交代級数

$$\left(1 - \frac{1}{2} + \frac{1}{3} - \frac{1}{4}\right) + \left(\frac{1}{6} - \frac{1}{7} + \frac{1}{8} - \frac{1}{9}\right) + \cdots$$
$$= \frac{\pi}{5}\left(\cot \frac{\pi}{5} - \cot \frac{2\pi}{5}\right) = \frac{\pi}{5}\left(\frac{1 + \sqrt{5}}{\sqrt{10 - 2\sqrt{5}}} - \frac{\sqrt{10 - 2\sqrt{5}}}{5 + \sqrt{5}}\right)$$

が現れる. この級数では, 分母が 5 の倍数のときには, その項は 0 である. また, 二つの式の和をとったときには

$$\left(1 + \frac{1}{2} - \frac{1}{3} - \frac{1}{4}\right) + \left(\frac{1}{6} + \frac{1}{7} - \frac{1}{8} - \frac{1}{9}\right) + \cdots$$
$$= \frac{\pi}{5}\left(\cot \frac{\pi}{5} + \cot \frac{2\pi}{5}\right) = \frac{\pi}{5}\left(\frac{1 + \sqrt{5}}{\sqrt{10 - 2\sqrt{5}}} + \frac{\sqrt{10 - 2\sqrt{5}}}{5 + \sqrt{5}}\right)$$

が現れる. この級数でも, やはり分母が 5 の倍数のときには, その項は 0 である.

なお今の場合, 差または和のとり方には注意が必要である.

$N=7$ の場合には, $x = \dfrac{1}{7}, \dfrac{2}{7}, \dfrac{3}{7}$ とおいた場合に得られる三つの式の差と和を組み合わせることで, 新たな級数が得られる.

ここにおいて指標 $\chi(n)$ を導入する．するとこれまでの例は，$\chi(n)$ による L 関数 $L(1,\chi)$ として表される．この $\chi(n)$ は $1, -1, 0$ などの値をとるものでディレクレ指標と呼ばれ，値は $\mathrm{mod}\,N$ により決まる．

このときディレクレ指標による L 関数 $L(1,\chi)$ の値は，N が奇数 $N = 3, 5, 7, \cdots$ の場合には

$$L(1,\chi) = \sum_{n=1}^{\infty} \frac{\chi(n)}{n} = \frac{\pi}{N} \sum_{j=1}^{(N-1)/2} \chi(j) \cot \pi x \mid_{x=j/N}$$

となる．

$N = 3$ および $N = 5$ の場合については，既に見たところである．

また N が偶数 $N = 4, 6, 8, \cdots$ の場合には，j の和のとり方が変わり

$$L(1,\chi) = \sum_{n=1}^{\infty} \frac{\chi(n)}{n} = \frac{\pi}{N} \sum_{j=1}^{(N-2)/2} \chi(j) \cot \pi x \mid_{x=j/N}$$

となる．

$N = 4$ とおけば，既に見たようにライプニッツの級数となる．

なおディレクレ指標，ディレクレ級数についてなど，さらに詳しくは第 11 章および第 12 章を参照．

8.3 ディガンマ関数がつくる美しい無限級数

つぎの二つの式はいずれも分母が 2 のべきで，また分子がゼータ関数の正の整数での値からなる級数である．いずれの式の結果も $\log 2$ で表されており，優雅で美しい無限級数となっている．

$$\frac{\zeta(2)}{2^2} + \frac{\zeta(3)}{2^3} + \frac{\zeta(4)}{2^4} + \frac{\zeta(5)}{2^5} + \cdots = \log 2 \tag{8.1}$$

$$\frac{\zeta(2)}{2^2} - \frac{\zeta(3)}{2^3} + \frac{\zeta(4)}{2^4} - \frac{\zeta(5)}{2^5} + \cdots = 1 - \log 2 \tag{8.2}$$

(8.1) は正項級数であり，また (8.2) は交代級数であるが，二つの式の各項の絶対値は同じである．

上の式は，つぎのようにして示される．

8.3 ディガンマ関数がつくる美しい無限級数 115

前に述べたディガンマ関数 $\psi(x+1)$ のべき級数展開

$$\psi(x+1) = -\gamma + \zeta(2)x - \zeta(3)x^2 + \zeta(4)x^3 - \cdots, \quad (\mid x \mid < 1)$$

において $x = -\dfrac{1}{2}$ とすれば

$$\psi\left(\frac{1}{2}\right) = -\gamma - \frac{\zeta(2)}{2} - \frac{\zeta(3)}{2^2} - \frac{\zeta(4)}{2^3} - \cdots$$

となる.他方で $\psi\left(\dfrac{1}{2}\right)$ は前述のように

$$\psi\left(\frac{1}{2}\right) = -\gamma - 2\log 2$$

である.よって,これらの $\psi\left(\dfrac{1}{2}\right)$ についての二つの式から,(8.1) が得られる.

$\psi(x+1)$ のべき級数展開において,今度は $x = \dfrac{1}{2}$ とすれば

$$\psi\left(\frac{3}{2}\right) = -\gamma + \frac{\zeta(2)}{2} - \frac{\zeta(3)}{2^2} + \frac{\zeta(4)}{2^3} - \cdots$$

となる.他方で $\psi(x)$ についての漸化式

$$\psi(x+1) = \psi(x) + \frac{1}{x}$$

によれば,$\psi\left(\dfrac{3}{2}\right)$ の値は

$$\psi\left(\frac{3}{2}\right) = \psi\left(\frac{1}{2}\right) + 2 = 2 - \gamma - 2\log 2$$

である.したがって,得られた $\psi\left(\dfrac{3}{2}\right)$ についての二つの式からは,交代級数 (8.2) が導かれる.

そこで (8.1) と (8.2) の二つの式の辺辺を加えれば,新たに級数

$$\frac{\zeta(2)}{2} + \frac{\zeta(4)}{2^3} + \frac{\zeta(6)}{2^5} + \frac{\zeta(8)}{2^7} + \cdots = 1$$

が得られ,また二つの式の差をとれば

116　　　　　　　　　　　第 8 章　ガンマ関数

$$\frac{\zeta(3)}{2^2} + \frac{\zeta(5)}{2^4} + \frac{\zeta(7)}{2^6} + \frac{\zeta(9)}{2^8} + \cdots = -1 + 2\log 2$$

が得られる.

　つぎの二つの式も，それぞれの項の絶対値が等しい正項級数と交代級数の例である.

$$\frac{\zeta(2)}{4} + \frac{\zeta(3)}{4^2} + \frac{\zeta(4)}{4^3} + \frac{\zeta(5)}{4^4} + \cdots = 3\log 2 - \frac{\pi}{2} \tag{8.3}$$

$$\frac{\zeta(2)}{4} - \frac{\zeta(3)}{4^2} + \frac{\zeta(4)}{4^3} - \frac{\zeta(5)}{4^4} + \cdots = 4 - 3\log 2 - \frac{\pi}{2} \tag{8.4}$$

いずれも分母は 4 のべきで，また分子は正の整数でのゼータ関数の値からなる無限級数である. 左辺の級数からは想像できないが，結果は円周率 π および $\log 2$ を用いて表されていて，とてもエキゾチックな雰囲気の漂う式となっている.

　上の二つの式について，補足説明をする.

　ディガンマ関数の 2 倍公式および相補公式において $x = \dfrac{1}{4}$ とおいた場合の二つの式から

$$\psi\left(\frac{1}{4}\right) = -\gamma - 3\log 2 - \frac{\pi}{2}$$

$$\psi\left(\frac{3}{4}\right) = -\gamma - 3\log 2 + \frac{\pi}{2}$$

が求められる. 他方で $\psi(x+1)$ のべき級数展開に $x = -\dfrac{1}{4}$ を代入すれば

$$\psi\left(\frac{3}{4}\right) = -\gamma - \frac{\zeta(2)}{4} - \frac{\zeta(3)}{4^2} - \frac{\zeta(4)}{4^3} - \cdots$$

となる. したがって，$\psi\left(\dfrac{3}{4}\right)$ についての二つの式から (8.3) が得られる.

　つぎに，$\psi(x+1)$ のべき級数展開に $x = \dfrac{1}{4}$ を代入すれば

$$\psi\left(\frac{5}{4}\right) = -\gamma + \frac{\zeta(2)}{4} - \frac{\zeta(3)}{4^2} + \frac{\zeta(4)}{4^3} - \cdots$$

である. 他方で $\psi(x)$ についての漸化式から

$$\psi\left(\frac{5}{4}\right) = \psi\left(\frac{1}{4}\right) + 4 = 4 - \gamma - 3\log 2 - \frac{\pi}{2}$$

となる．したがってこれらの二つの式から，(8.4) が導かれる．

そして式 (8.3) と式 (8.4) を辺辺加えれば

$$\frac{\zeta(2)}{4} + \frac{\zeta(4)}{4^3} + \frac{\zeta(6)}{4^5} + \frac{\zeta(8)}{4^7} + \cdots = 2 - \frac{\pi}{2}$$

となり，また差をとれば

$$\frac{\zeta(3)}{4^2} + \frac{\zeta(5)}{4^4} + \frac{\zeta(7)}{4^6} + \frac{\zeta(9)}{4^8} + \cdots = -2 + 3\log 2$$

となる．

今得られた二つの級数を比較する．

上の級数の分母は 4 の奇数べき，また分子は正の偶数でのゼータ関数の値であるのに対し，下の級数の分母は 4 の偶数べき，また分子は正の奇数でのゼータ関数の値からなっていて，全く対照的な式である．ところが結果については，上の級数は円周率 π で書かれ，下の級数は $\log 2$ で書かれるのである．このように異なる形で表されるところが不思議であり，また面白いところでもある．

今までに得られた分母が 2 のべきの級数と，分母が 4 のべきの級数を比較してみよう．

最初の例は

$$\frac{\zeta(2)}{2} + \frac{\zeta(4)}{2^3} + \frac{\zeta(6)}{2^5} + \frac{\zeta(8)}{2^7} + \cdots = 1$$
$$\frac{\zeta(2)}{4} + \frac{\zeta(4)}{4^3} + \frac{\zeta(6)}{4^5} + \frac{\zeta(8)}{4^7} + \cdots = 2 - \frac{\pi}{2}$$

の二つの級数についてである．ここでは，分母が 2 のべきから 4 のべきに変わることによって，結果には新たに π が現れるのである．

つぎの例

$$\frac{\zeta(3)}{2^2} + \frac{\zeta(5)}{2^4} + \frac{\zeta(7)}{2^6} + \frac{\zeta(9)}{2^8} + \cdots = -1 + 2\log 2$$

$$\frac{\zeta(3)}{4^2} + \frac{\zeta(5)}{4^4} + \frac{\zeta(7)}{4^6} + \frac{\zeta(9)}{4^8} + \cdots = -2 + 3\log 2$$

では，やはり分母が 2 のべきから 4 のべきに変更されるのであるが，結果はいずれの級数も整数と $\log 2$ で書き表されている．

上の級数を眺めていると，このように結果の姿が変わる様子が，とても興味深いと思われるのである．

ここからは，再びライプニッツの級数とメルカトールの級数についての話題である．

$\psi(x)$ を展開する式に $x = \dfrac{1}{4}$ を代入すれば

$$\psi\left(\frac{1}{4}\right) = -\gamma - 4\left(1 - \frac{1}{4} + \frac{1}{5} - \frac{1}{8} + \frac{1}{9} - \frac{1}{12} + \frac{1}{13} - \frac{1}{16} + \cdots\right)$$

となる．また $\psi\left(\dfrac{1}{4}\right)$ は

$$\psi\left(\frac{1}{4}\right) = -\gamma - 3\log 2 - \frac{\pi}{2}$$

であった．したがって $\psi\left(\dfrac{1}{4}\right)$ の値についての二つの式から

$$1 - \frac{1}{4} + \frac{1}{5} - \frac{1}{8} + \frac{1}{9} - \frac{1}{12} + \frac{1}{13} - \frac{1}{16} + \cdots = \frac{3}{4}\log 2 + \frac{\pi}{8}$$

を得る．

同じ様な方法により，$\psi\left(\dfrac{3}{4}\right)$ の値についての二つの式からは

$$\frac{1}{3} - \frac{1}{4} + \frac{1}{7} - \frac{1}{8} + \frac{1}{11} - \frac{1}{12} + \frac{1}{15} - \frac{1}{16} + \cdots = \frac{3}{4}\log 2 - \frac{\pi}{8}$$

が得られる．

ここに得られた二つの級数の結果が，いずれも $\log 2$ および π によって表されている，ということは驚きである．このように，結果に $\log 2$ と π とがセットになって現れることを，左辺から予想することはとても難しいことである．

つぎに上で得られた二つの級数の差をとれば，ライプニッツの級数

8.3 ディガンマ関数がつくる美しい無限級数 119

$$1 - \frac{1}{3} + \frac{1}{5} - \frac{1}{7} + \frac{1}{9} - \frac{1}{11} + \frac{1}{13} - \frac{1}{15} + \frac{1}{17} - \frac{1}{19} + \cdots = \frac{\pi}{4}$$

が導かれる.

つぎに和をとった場合には

$$1 + \frac{1}{3} - \frac{2}{4} + \frac{1}{5} + \frac{1}{7} - \frac{2}{8} + \frac{1}{9} + \frac{1}{11} - \frac{2}{12} + \frac{1}{13} + \cdots = \frac{3}{2}\log 2$$

が導かれるが, このときの値は $\log 2$ を用いて表される.

級数をよく眺めて見ると, つぎのことが読み取れる.

これまでに見た多くの級数がそうであるように, この級数においても各項は分母の大きさの順になっている. そして分母が 4 の倍数である項の分子は 2 となっていて, 前の分子が 1 の二つの正項の和を差し引くことになるが, このような和と差の計算を無限に繰り返すことによって, 級数は鮮やかに収束する.

そして, 上の式はすべての項の分子が 1 の

$$1 + \frac{1}{3} - \frac{1}{2} + \frac{1}{5} + \frac{1}{7} - \frac{1}{4} + \frac{1}{9} + \frac{1}{11} - \frac{1}{6} + \frac{1}{13} + \cdots = \frac{3}{2}\log 2$$

に書き改められる. この式は, メルカトールの級数

$$1 - \frac{1}{2} + \frac{1}{3} - \frac{1}{4} + \frac{1}{5} - \frac{1}{6} + \frac{1}{7} - \frac{1}{8} + \frac{1}{9} - \frac{1}{10} + \cdots = \log 2$$

において一部の項の順序が変えられることにより, 値が $\log 2$ ではなく $\frac{3}{2}\log 2$ となった場合の級数である. 前にも述べたように, 条件収束に関する注意喚起の例として, しばしば取り上げられる式でもある.

第9章

オイラーの定数

　二つの無理数である円周率 π およびネイピアの数 e の他に，数論における重要な数としてオイラーの定数 γ がある．

　本章ではオイラーの定数について改めて取り上げ，詳しく見ることにしたい．その過程のなかにおいて，オイラーの定数に関する一般的な式が導かれ，さらに 2 以上の自然数 m に対し，$\log m$ がエレガントな無限級数で表されることになるのである．

　つぎにオイラーの定数とゼータ関数，ガンマ関数との関係についてふれることにしたい．すると三つの数 π, e, γ とゼータ関数との間に潜む，不思議な関係が見えてくるのである．

9.1　オイラーの定数 γ について

　オイラーの定数 γ（Euler's constant）は極限

$$\gamma = \lim_{n \to \infty} \left(1 + \frac{1}{2} + \frac{1}{3} + \cdots + \frac{1}{n} - \log n \right)$$

により定義される．

　右辺のカッコ内の式について

$$f(n) = 1 + \frac{1}{2} + \frac{1}{3} + \cdots + \frac{1}{n} - \log n$$

とすれば，$f(n)$ の値は順に

$$f(1) = 1$$
$$f(2) = 0.806852 \cdots$$
$$f(3) = 0.734721 \cdots$$

$$f(5) = 0.673895\cdots$$
$$f(10) = 0.626383\cdots$$
$$f(25) = 0.597082\cdots$$
$$f(100) = 0.582207\cdots$$
$$f(1000) = 0.577715\cdots$$

などとなる．さらに $n \to \infty$ としたとき $f(n)$ の極限値が存在することが知られており，それがオイラーの定数 γ である．実際に小数点以下 9 桁まで表すと

$$\gamma = 0.577215664\cdots$$

である．したがって，上で挙げた

$$f(1), f(2), f(3), \cdots\cdots$$

を数列として考えれば，$a_n = f(n)$ を一般項とする数列 $\{a_n\}$ はオイラーの定数 γ に収束する，ということになる．

$\lim_{n\to\infty}\left(1 + \dfrac{1}{2} + \dfrac{1}{3} + \cdots + \dfrac{1}{n}\right)$ および $\lim_{n\to\infty}\log n$ は，ともに発散するのであるが，二つの式の差をとった場合の極限は γ に収束するということを意味している．

関数 $f(x) = \dfrac{1}{x}$ は $x > 0$ で単調減少関数なので

$$\frac{1}{k} > \int_k^{k+1} \frac{1}{x}dx > \frac{1}{k+1}$$

である（$k = 1, 2, \cdots$）．この前半の不等式について和をとると

$$\sum_{k=1}^{n-1}\frac{1}{k} > \sum_{k=1}^{n-1}\int_k^{k+1}\frac{1}{x}dx = \int_1^n \frac{1}{x}dx = \log n$$

となる．そこで，さらに両辺に $\dfrac{1}{n} - \log n$ を加えれば

$$1 + \frac{1}{2} + \frac{1}{3} + \cdots + \frac{1}{n} - \log n > \frac{1}{n} > 0$$

が成り立つ.

また上で挙げた後半の不等式

$$\int_n^{n+1} \frac{1}{x}dx > \frac{1}{n+1}$$

から

$$\log(n+1) - \log n > \frac{1}{n+1}$$

であるので

$$\left(1 + \frac{1}{2} + \cdots + \frac{1}{n} - \log n\right) - \left(1 + \frac{1}{2} + \cdots + \frac{1}{n+1} - \log(n+1)\right)$$
$$= (\log(n+1) - \log n) - \frac{1}{n+1} > 0$$

が成り立つ.

以上により $1 + \frac{1}{2} + \frac{1}{3} + \cdots + \frac{1}{n} - \log n$ は単調に減少するのであるが, 0 または負にはならない, したがって下に有界であることが分かる. すなわち極限が存在するのであり, この極限値がオイラーの定数 γ である.

定数 γ については今のところ未知の部分が多く, 無理数なのかどうかについてもわかっていない.

ここからは, オイラーの定数の一般化という問題について考えることにしたい.

オイラーの定数に関連し

$$\lim_{n \to \infty} \left(1 + \frac{1}{3} + \frac{1}{5} + \cdots + \frac{1}{2n-1} - \frac{1}{2}\log n\right) = \frac{\gamma}{2} + \log 2$$

が成り立つ.

この式は, 左辺の和の部分の分母が奇数の場合の極限を表したものである.

実は, オイラーの定数を定義する式に関して和の分母を変えたとき, つぎのような一般的な式が成り立つのである.

$$\lim_{n \to \infty} \left\{ \sum_{k=1}^{n} \left(\frac{1}{(k-1)m+1} + \frac{1}{(k-1)m+2} + \cdots + \frac{1}{km-1} \right) \right.$$

$$-\frac{m-1}{m}\log n\biggr\} = \frac{m-1}{m}\gamma + \log m, \quad (m = 2, 3, 4, \ldots)$$

そこで，以下においてこの式を導いてみよう．

まず収束する数列に関しては，つぎの二つの定理が成り立つ．

定理（収束する二つの数列）　二つの数列 $\{a_n\}$, $\{b_n\}$ が収束して，$\lim_{n\to\infty} a_n = \alpha$, $\lim_{n\to\infty} b_n = \beta$ であれば

$$\lim_{n\to\infty} (a_n \pm b_n) = \lim_{n\to\infty} a_n \pm \lim_{n\to\infty} b_n = \alpha \pm \beta$$

が成り立つ．（複号同順）

この定理は収束する二つの数列について，和または差と極限の順序の交換が可能であることを述べている．さらには，積，商を含めた四則演算と極限の交換が可能であり，以下の式が成り立つのである．

$$\lim_{n\to\infty} (a_n b_n) = \bigl(\lim_{n\to\infty} a_n \bigr)\bigl(\lim_{n\to\infty} b_n \bigr) = \alpha\beta$$

$$\lim_{n\to\infty} \frac{a_n}{b_n} = \frac{\lim_{n\to\infty} a_n}{\lim_{n\to\infty} b_n} = \frac{\alpha}{\beta}, \quad (b_n \neq 0, \lim_{n\to\infty} b_n \neq 0)$$

定理（部分数列の収束性）　数列が収束すれば，その部分数列は元の数列の極限値に収束する．

以降においては，この二つの定理を用いる．

オイラーの定数を定義する式，および定理（部分数列の収束性）により

$$\lim_{n\to\infty} \left(1 + \frac{1}{2} + \frac{1}{3} + \cdots + \frac{1}{nm} - \log nm \right) = \gamma$$

となるので

$$\lim_{n\to\infty} \left(1 + \frac{1}{2} + \frac{1}{3} + \cdots + \frac{1}{nm} - \log n \right) = \gamma + \log m$$

が成り立つ．

そこで左辺のカッコ内の項を二つに分け，そのうち分母が m の倍数である項を取り出し

$$s_n = \frac{1}{m} + \frac{1}{2m} + \frac{1}{3m} + \cdots + \frac{1}{nm} - \frac{1}{m}\log n$$

とおき，また残る項については

$$r_n = \left(1 + \frac{1}{2} + \cdots + \frac{1}{m-1}\right) + \left(\frac{1}{m+1} + \frac{1}{m+2} + \cdots + \frac{1}{2m-1}\right) + \cdots$$
$$+ \left(\frac{1}{(n-1)m+1} + \frac{1}{(n-1)m+2} + \cdots + \frac{1}{nm-1}\right) - \frac{m-1}{m}\log n$$

とおく．このとき

$$\lim_{n\to\infty}(r_n + s_n) = \gamma + \log m$$

である．

つぎに

$$\lim_{n\to\infty} s_n = \frac{1}{m}\gamma$$

であることはすぐに分かる．

よって二つの数列 $\{r_n + s_n\}$, $\{s_n\}$ はいずれも収束するので，定理（収束する二つの数列）を適用して

$$\lim_{n\to\infty} r_n = \lim_{n\to\infty}((r_n + s_n) - s_n) = \lim_{n\to\infty}(r_n + s_n) - \lim_{n\to\infty} s_n$$
$$= (\gamma + \log m) - \frac{1}{m}\gamma = \frac{m-1}{m}\gamma + \log m$$

となる．ここで r_n を $\sum_{k=1}^{n}$ を使って書けば

$$r_n = \sum_{k=1}^{n}\left(\frac{1}{(k-1)m+1} + \frac{1}{(k-1)m+2} + \cdots + \frac{1}{km-1}\right) \quad \frac{m-1}{m}\log n$$

である．

以上により，初めに掲げたオイラーの定数に関する一般的な式が示された．

上の一般的な式において $m = 2$ とおけば，最初に述べたような極限値が $\frac{\gamma}{2} + \log 2$ となる式が得られる．

また同式において $m = 3$ の場合には，つぎのようになる．

$$\lim_{n\to\infty}\left\{\left(1 + \frac{1}{2}\right) + \left(\frac{1}{4} + \frac{1}{5}\right) + \left(\frac{1}{7} + \frac{1}{8}\right) + \cdots\right.$$

$$+ \left(\frac{1}{3n-2} + \frac{1}{3n-1} \right) - \frac{2}{3} \log n \right\} = \frac{2}{3}\gamma + \log 3$$

9.2 $\log m$ を無限級数で表すと（メルカトールの級数を一般化すれば）

$m \, (\neq 1)$ を自然数とするとき，上で得られた結果を用いると実は $\log m$ は美しい無限級数で表されるのである．このことについて見てみよう．

最初は，$m = 2$ の場合の例についてである．

a_n, b_n を

$$a_n = 1 + \frac{1}{3} + \frac{1}{5} + \cdots + \frac{1}{2n-1} - \frac{1}{2}\log n$$

$$b_n = \frac{1}{2}\left(1 + \frac{1}{2} + \frac{1}{3} + \cdots + \frac{1}{n} - \log n \right)$$

とする．このとき既に述べたように

$$\lim_{n\to\infty} a_n = \frac{\gamma}{2} + \log 2$$

$$\lim_{n\to\infty} b_n = \frac{\gamma}{2}$$

となり，いずれの場合も数列 $\{a_n\}, \{b_n\}$ は収束するのであった．したがって

$$\lim_{n\to\infty}(a_n - b_n) = \lim_{n\to\infty} a_n - \lim_{n\to\infty} b_n = \left(\frac{\gamma}{2} + \log 2 \right) - \frac{\gamma}{2} = \log 2$$

が成り立つ．

このとき

$$a_n - b_n = 1 - \frac{1}{2} + \frac{1}{3} - \frac{1}{4} + \cdots + \frac{1}{2n-1} - \frac{1}{2n}$$

であり，上の $\lim_{n\to\infty}(a_n - b_n)$ の式はつぎのように書き改められる．

$$1 - \frac{1}{2} + \frac{1}{3} - \frac{1}{4} + \frac{1}{5} - \frac{1}{6} + \cdots = \log 2$$

これはメルカトールの級数の別証明である．

つぎに自然数 m についての一般的な式を導いてみよう．

9.2 $\log m$ を無限級数で表すと（メルカトールの級数を一般化すれば）　127

前節において得られた結果をもとにして，r_n, t_n を

$$r_n = \sum_{k=1}^{n} \left(\frac{1}{(k-1)m+1} + \frac{1}{(k-1)m+2} + \cdots + \frac{1}{km-1} \right) - \frac{m-1}{m} \log n$$

$$t_n = \frac{m-1}{m} \left(\sum_{k=1}^{n} \frac{1}{k} - \log n \right)$$

とおく．この場合，これまでの議論により数列 $\{r_n\}, \{t_n\}$ は収束し

$$\lim_{n \to \infty} r_n = \frac{m-1}{m} \gamma + \log m$$

$$\lim_{n \to \infty} t_n = \frac{m-1}{m} \gamma$$

である．よって

$$\lim_{n \to \infty} (r_n - t_n) = \lim_{n \to \infty} r_n - \lim_{n \to \infty} t_n = \log m$$

が成り立つ．

このとき，上の式はつぎのように書き改められる．

$$\sum_{k=1}^{\infty} \left(\frac{1}{(k-1)m+1} + \frac{1}{(k-1)m+2} + \cdots + \frac{1}{km-1} - \frac{m-1}{km} \right) = \log m$$

この式は，任意の自然数 $m\ (\neq 1)$ に対し，$\log m$ は無限級数の形で表される，ということを示している．

一見したところ複雑な式のように思われるが，実際に m に適当な自然数を代入すると，綺麗な式となって現れるのである．

例えば $m=3$ の場合には

$$\left(1 + \frac{1}{2} - \frac{2}{3} \right) + \left(\frac{1}{4} + \frac{1}{5} - \frac{2}{6} \right) + \left(\frac{1}{7} + \frac{1}{8} - \frac{2}{9} \right) + \cdots = \log 3$$

$m=5$ の場合には

$$\left(1 + \frac{1}{2} + \frac{1}{3} + \frac{1}{4} - \frac{4}{5} \right) + \left(\frac{1}{6} + \frac{1}{7} + \frac{1}{8} + \frac{1}{9} - \frac{4}{10} \right)$$
$$+ \left(\frac{1}{11} + \frac{1}{12} + \frac{1}{13} + \frac{1}{14} - \frac{4}{15} \right) + \cdots = \log 5$$

などとなる.

またメルカトールの級数は, $m = 2$ としたときの特別な場合である.

このようにして得られる級数は, 第 2 章において少しふれたようにつぎのようなシンプルで, エレガントな式で書き表すことができる.

$$\sum_{n=1}^{\infty} \frac{\chi(n)}{n} = \log m$$

ただし $\chi(n)$ は

$$\chi(n) = \begin{cases} 1 - m & (n \equiv 0 \bmod m) \\ 1 & (n \not\equiv 0 \bmod m) \end{cases}$$

である.

この級数について, 分子が 1 の $(m-1)$ 個の正項の和は, 次の分母が m で分子が $(m-1)$ の項によって差し引かれるが, このような加減が無限に繰り返されることにより, 級数は $\log m$ に収束する.

9.3 オイラーの定数とゼータ関数の関係

オイラーの定数とゼータ関数の間には深い関係があり, これについては少なからぬ場面で見られることがある. この節では, そのひとつの例を挙げることにしたい.

まず, オイラーの定数 γ はつぎの積分の形で表される.

$$\gamma = -\int_1^{\infty} \frac{x - [x] - \dfrac{1}{2}}{x^2} dx + \frac{1}{2}$$

上の式は以下のようにして導かれる. ここにおいては, つぎのオイラーの和公式を適用することにする.

M, N を正の整数とし $f(x)$ を微分可能な関数とするとき, つぎのオイラーの和公式が成り立つ. なお $[x]$ はガウス記号で, 実数 x を超えない最大の整数を表す.

$$\sum_{n=M}^{N} f(n) = \int_M^N f(x) dx + \frac{1}{2}(f(M) + f(N))$$

9.3 オイラーの定数とゼータ関数の関係

$$+ \int_M^N \left(x - [x] - \frac{1}{2} \right) f'(x) dx$$

そこで $f(n) = \dfrac{1}{n}$ とすれば $f(x) = \dfrac{1}{x}$, $f'(x) = -\dfrac{1}{x^2}$ であるので，上の公式より

$$\sum_{n=M}^N \frac{1}{n} = \int_M^N \frac{1}{x} dx - \int_M^N \frac{x - [x] - \frac{1}{2}}{x^2} dx + \frac{1}{2} \left(\frac{1}{M} + \frac{1}{N} \right)$$

となる．そして $M = 1$ とすれば

$$\sum_{n=1}^N \frac{1}{n} - \log N = - \int_1^N \frac{x - [x] - \frac{1}{2}}{x^2} dx + \frac{1}{2} \left(1 + \frac{1}{N} \right)$$

となる．ここで $N \to \infty$ とすれば

$$\lim_{N \to \infty} \left(\sum_{n=1}^N \frac{1}{n} - \log N \right) = - \int_1^\infty \frac{x - [x] - \frac{1}{2}}{x^2} dx + \frac{1}{2}$$

となり，最初に挙げた式が示される．

つぎに，オイラーの定数 γ とゼータ関数 $\zeta(s)$ の間に成り立つ関係を求めることにしたい．そのために，再度オイラーの和公式を用いることにする．$f(n) = \dfrac{1}{n^s}, (s > 1)$ とすれば $f(x) = \dfrac{1}{x^s}$, $f'(x) = \dfrac{-s}{x^{s+1}}$ なので

$$\sum_{n=M}^N \frac{1}{n^s} = \int_M^N \frac{1}{x^s} dx - s \int_M^N \frac{x - [x] - \frac{1}{2}}{x^{s+1}} dx + \frac{1}{2} \left(\frac{1}{M^s} + \frac{1}{N^s} \right)$$

である．ここで $M = 1, N \to \infty$ とすると上の式は

$$\zeta(s) = \frac{1}{s - 1} - s \int_1^\infty \frac{x - [x] - \frac{1}{2}}{x^{s+1}} dx + \frac{1}{2}$$

となる．よって

$$\lim_{s \to 1} \left(\zeta(s) - \frac{1}{s - 1} \right) = - \int_1^\infty \frac{x - [x] - \frac{1}{2}}{x^2} dx + \frac{1}{2}$$

となる.

以上により，これまでに得られた二つの式から，オイラーの定数 γ とゼータ関数 $\zeta(s)$ の間には

$$\lim_{s \to 1}\left(\zeta(s) - \frac{1}{s-1}\right) = \gamma$$

が成り立つことが分かる.

$s \to 1$ のとき $\zeta(s)$ と $\dfrac{1}{s-1}$ は共に発散するが，$\zeta(s) - \dfrac{1}{s-1}$ について $s \to 1$ とすれば，その極限値はオイラーの定数に等しいということをこの式は述べている.

話は少し逸れるが，$\{x\}$ が x の小数部分を表すとき，オイラーの定数 γ は積分

$$\gamma = 1 - \int_1^\infty \frac{\{x\}}{x^2}dx$$

で表される．そこで，これについて確かめてみよう.

$[\ \ ]$ をガウス記号とすると $\{x\} = x - [x]$ であり，また k を整数とすると，$k \le x < k+1$ のとき $[x] = k$ となる．これを用いて

$$1 - \int_1^n \frac{\{x\}}{x^2}dx = 1 - \int_1^n \frac{x-[x]}{x^2}dx$$

$$= 1 - \int_1^n \frac{1}{x}dx + \int_1^n \frac{[x]}{x^2}dx = 1 - \log n + \sum_{k=1}^{n-1}\int_k^{k+1}\frac{k}{x^2}$$

$$= 1 - \log n + \sum_{k=1}^{n-1}\frac{1}{k+1} = 1 + \frac{1}{2} + \frac{1}{3} + \cdots + \frac{1}{n} - \log n$$

となる.

ここで $n \to \infty$ とすると最後の式 $\to \gamma$ となるので，初めに挙げた式の成り立つことが分かる.

つぎに，最初に挙げたオイラーの和公式が成り立つことを示す．そのため，ここでの目的に適した関数 $g(x) = \left(x - [x] - \dfrac{1}{2}\right)f'(x)$ を考え，この $g(x)$ を区間 $[M, N]$ において積分する.

9.4 γ, π, e とゼータ関数の関係（π を e のべき乗で表せば） 131

部分積分により

$$\int_M^N \left(x - [x] - \frac{1}{2}\right) f'(x)dx = \sum_{n=M}^{N-1} \int_n^{n+1} \left(x - [x] - \frac{1}{2}\right) f'(x)dx$$

$$= \sum_{n=M}^{N-1} \int_0^1 \left(u - \frac{1}{2}\right) f'(n+u)du$$

$$= \sum_{n=M}^{N-1} \left\{\left[\left(u - \frac{1}{2}\right) f(n+u)\right]_0^1 - \int_0^1 f(n+u)du\right\}$$

$$= \sum_{n=M}^{N-1} \left\{\frac{1}{2}f(n+1) + \frac{1}{2}f(n)\right\} - \sum_{n=M}^{N-1} \int_0^1 f(n+u)du$$

が成り立つ. 最後の式の第 1 項は, 展開すれば分かるように

$$\sum_{n=M}^N f(n) - \frac{1}{2}(f(M) + f(N))$$

と簡単な式となり, また第 2 項は

$$\sum_{n=M}^{N-1} \int_0^1 f(n+u)du = \sum_{n=M}^{N-1} \int_n^{n+1} f(x)dx = \int_M^N f(x)dx$$

と変形される. よって, 以上をまとめてつぎの式が得られることになる.

$$\int_M^N \left(x - [x] - \frac{1}{2}\right) f'(x)dx$$

$$= \sum_{n=M}^N f(n) - \frac{1}{2}(f(M) + f(N)) - \int_M^N f(x)dx$$

これにより, オイラーの和公式が示された.

9.4 γ, π, e とゼータ関数の関係（π を e のべき乗で表せば）

オイラーの定数 γ, 円周率 π, ネイピアの数 e, およびゼータ関数の正の整数での値は, 実はさまざまな形で結ばれている. この節では, このことについて見てみよう.

132 第 9 章 オイラーの定数

最初は少し視点を変えて，x に関する方程式

$$\pi = e^x$$

を解く問題について考えてみたい．この x は二つの無理数である円周率 π とネイピアの数 e とを結ぶ数ということになる．

先に解を示すと，x は実はゼータ関数の正の整数での値で表されるのである．そして表し方のひとつには

$$x = \gamma + \frac{1}{2}\frac{\zeta(2)}{2} + \frac{1}{2^2}\frac{\zeta(3)}{3} + \frac{1}{2^3}\frac{\zeta(4)}{4} + \cdots$$

がある．

解 x がこのように，オイラーの定数とゼータ関数によって書き表されるということは驚くべきことであり，直感的には予想できないことである．実際，この x の値は

$$x = 1.144729885\cdots$$

である．

ところで第 8 章において，つぎの $\log \Gamma(x+1)$ についての展開式を得ている．

$$\log \Gamma(x+1) = -\gamma x + \frac{\zeta(2)}{2}x^2 - \frac{\zeta(3)}{3}x^3 + \frac{\zeta(4)}{4}x^4 - \cdots, \quad (\,|\,x\,|<1)$$

そこでこの式において $x = \frac{1}{2}$ とおくと

$$\log \Gamma\left(\frac{3}{2}\right) = -\frac{\gamma}{2} + \frac{1}{2^2}\frac{\zeta(2)}{2} - \frac{1}{2^3}\frac{\zeta(3)}{3} + \frac{1}{2^4}\frac{\zeta(4)}{4} - \cdots$$

となる．他方で既に見たように

$$\Gamma\left(\frac{3}{2}\right) = \frac{\sqrt{\pi}}{2}$$

であった．したがって二つの式から，γ を表すつぎの式が得られる．

$$\gamma = \log\frac{4}{\pi} + \frac{1}{2}\frac{\zeta(2)}{2} - \frac{1}{2^2}\frac{\zeta(3)}{3} + \frac{1}{2^3}\frac{\zeta(4)}{4} - \cdots \tag{9.1}$$

9.4 γ, π, e とゼータ関数の関係 (π を e のべき乗で表せば) 133

この式はオイラーの定数 γ が，円周率 π と 2 以上のすべての正の整数での
ゼータ関数の値による無限級数で書き表されることを示している．

　ところでオイラーの定数 γ は，極限

$$\gamma = \lim_{n \to \infty} \left(1 + \frac{1}{2} + \frac{1}{3} + \cdots + \frac{1}{n} - \log n \right)$$

により定義された．この γ が，π とゼータ関数の値を項とする無限級数の形
で書き表される，ということはとても不思議なことである．オイラーの定数
γ の定義の式からは，π またはゼータ関数にまつわる雰囲気などはとても感
じられないのである．

　今度は $x = -\frac{1}{2}$ として，今と同じような計算をする．このとき

$$\log \Gamma\left(\frac{1}{2}\right) = \frac{\gamma}{2} + \frac{1}{2^2}\frac{\zeta(2)}{2} + \frac{1}{2^3}\frac{\zeta(3)}{3} + \frac{1}{2^4}\frac{\zeta(4)}{4} + \cdots$$

となるが，左辺について $\Gamma(\frac{1}{2}) = \sqrt{\pi}$ なので以下を得る．

$$\log \pi = \gamma + \frac{1}{2}\frac{\zeta(2)}{2} + \frac{1}{2^2}\frac{\zeta(3)}{3} + \frac{1}{2^3}\frac{\zeta(4)}{4} + \cdots \tag{9.2}$$

この式は

$$\pi = e^{\gamma + \frac{1}{2}\frac{\zeta(2)}{2} + \frac{1}{2^2}\frac{\zeta(3)}{3} + \frac{1}{2^3}\frac{\zeta(4)}{4} + \cdots}$$

と書き改められ，この節の初めに挙げた式が得られる．すなわち，π は e を
底とする指数関数の値の形で書き表されるのである．

　π は e のべき乗で表されるというこのエグゾチックな式によれば，べき
は γ とゼータ関数の正の整数での値による級数で書かれる，ということに
なる．

　このように π, e, γ, そしてゼータ関数が一つの式で結ばれていることは，
とても興味深く，また不思議に思われる．ここで注意したいことは，π, e,
および γ は，それぞれが別個に定義された数でありながら，ゼータ関数の正
の整数での値により結ばれて，一つの式で表されるということである．

　この式のべきの第 10 項まで

$$\gamma + \frac{1}{2}\frac{\zeta(2)}{2} + \frac{1}{2^2}\frac{\zeta(3)}{3} + \frac{1}{2^3}\frac{\zeta(4)}{4} + \frac{1}{2^4}\frac{\zeta(5)}{5}$$

$$+ \frac{1}{2^5}\frac{\zeta(6)}{6} + \frac{1}{2^6}\frac{\zeta(7)}{7} + \frac{1}{2^7}\frac{\zeta(8)}{8} + \frac{1}{2^8}\frac{\zeta(9)}{9} + \frac{1}{2^9}\frac{\zeta(10)}{10}$$

について，小数点以下 9 桁までを計算するとつぎのようになる．

$$0.577215664 + 0.411233516 + 0.100171408 + 0.033822601$$
$$+ 0.012961596 + 0.005298661 + 0.002250779$$
$$+ 0.000980544 + 0.000434899 + 0.000195506$$
$$= 1.144565174$$

これをもとにして π の近似値を計算すると，$e = 2.718281828$ として

$$e^{\gamma + \frac{1}{2}\frac{\zeta(2)}{2} + \frac{1}{2^2}\frac{\zeta(3)}{3} + \frac{1}{2^3}\frac{\zeta(4)}{4} + \cdots + \frac{1}{2^9}\frac{\zeta(10)}{10}} = 2.718281828^{1.144565174}$$
$$= 3.141075238\cdots$$

が得られる．なお実際の円周率 π は

$$\pi = 3.141592653\cdots$$

である．

なお二つの式 (9.1)，(9.2) からは $\log \pi$ について少し形を変えた式

$$\log \pi = \log 2 + \frac{1}{2}\frac{\zeta(2)}{2} + \frac{1}{2^3}\frac{\zeta(4)}{4} + \frac{1}{2^5}\frac{\zeta(6)}{6} + \cdots$$

が得られる．したがって π を e のべき乗で表すもう一つの式

$$\pi = e^{\log 2 + \frac{1}{2}\frac{\zeta(2)}{2} + \frac{1}{2^3}\frac{\zeta(4)}{4} + \frac{1}{2^5}\frac{\zeta(6)}{6} + \cdots}$$

が導かれるのである．

つぎに，二つの式 (9.1)，(9.2) から $\log \pi$ を消去すれば

$$\gamma = \log 2 - \frac{1}{2^2}\frac{\zeta(3)}{3} - \frac{1}{2^4}\frac{\zeta(5)}{5} - \frac{1}{2^6}\frac{\zeta(7)}{7} - \frac{1}{2^8}\frac{\zeta(9)}{9} - \cdots$$

となる．これによりオイラーの定数 γ は，今度は $\log 2$ と正の奇数でのゼータ関数の値による無限級数で表されることになる．

この級数の収束の速度は速いといえる．そこで，この式からオイラーの定数 γ の近似値を求めてみよう．$\log 2$ およびそれぞれのゼータ関数の値をも

とに計算を進めると，上の式は

$$\gamma = (0.693147\cdots) - (0.100174\cdots) - (0.012961\cdots)$$
$$- (0.002250\cdots) - (0.000434\cdots) - \cdots$$

となる．

したがって右辺の第5項までの計算によれば，γ の近似値として

$$0.577328\cdots$$

が得られる．なお実際には

$$\gamma = 0.577215\cdots$$

である．

第10章

余接関数 cot z とゼータ関数

この章では，余接関数 cot z を部分分数に分割する式をもとにして話を進める．変数 z にある値を代入すると $\zeta(2)$ から派生する新しい無限級数が得られるのであるが，このときの結果は，代入する値により様々な姿となって現れるのである．

後半では余接関数，およびガンマ関数から得られるディガンマ関数をもとにして説明をする．ディガンマ関数の相補公式から出発して式の変形を進めると，正の偶数でのゼータ関数の値が求められる．ここでは，ベルヌーイ数を用いた場合とは別の方法，すなわち余接関数を使ってゼータ関数の値を求める方法について紹介する．

10.1　無限級数 $\zeta(2)$ の分母を少し変えると

第 4 章において余接関数 cot z を部分分数に分割する式

$$\cot z = \frac{1}{z} + \sum_{n=1}^{\infty} \frac{2z}{z^2 \quad n^2\pi^2}, \quad (z \neq 0, \pm 1, \pm 2, \ldots, z \neq \pm n\pi)$$

についての説明をした．この節ではこの式をもとにして得られるゼータ関数，またはゼータ関数をめぐるさまざまな無限級数について考察することにしたい．

そこで，部分分数に分割する式において z を πz に置き換え，両辺に π を乗じると

$$\pi \cot \pi z = \frac{1}{z} + 2z \sum_{n=1}^{\infty} \frac{1}{z^2 - n^2}$$

となる．そして式をつぎのとおり書き換える．

$$\sum_{n=1}^{\infty} \frac{1}{n^2 - z^2} = \frac{1}{2z^2} - \frac{\pi \cot \pi z}{2z}$$

$$= \frac{1}{2z^2} - \frac{\pi}{2z} \frac{\cos \pi z}{\sin \pi z} = \frac{1}{2z^2} - \frac{\pi i}{2z} \frac{e^{i\pi z} + e^{-i\pi z}}{e^{i\pi z} - e^{-i\pi z}}$$

最後の式においては $\sin z$, $\cos z$ に関する式

$$\sin z = \frac{e^{iz} - e^{-iz}}{2i}, \quad \cos z = \frac{e^{iz} + e^{-iz}}{2}$$

を適用している.

今得られた式の変数 z に適当な値を代入すると，姿，形が異なった様々な無限級数が得られるのである．そこで，早速いくつかの例を見ることにしたい.

最初に $z = \dfrac{1}{4}$ とおくと

$$\sum_{n=1}^{\infty} \frac{1}{n^2 - \frac{1}{16}} = \frac{1}{2 \cdot \frac{1}{16}} - \frac{\pi}{2 \cdot \frac{1}{4}} \cdot \frac{\cos \frac{\pi}{4}}{\sin \frac{\pi}{4}} = 8 - 2\pi$$

となる．左辺は

$$\sum_{n=1}^{\infty} \frac{1}{n^2 - \frac{1}{16}} = 16 \sum_{n=1}^{\infty} \frac{1}{(4n-1)(4n+1)}$$

であり，これを用いて級数

$$\frac{1}{3 \cdot 5} + \frac{1}{7 \cdot 9} + \frac{1}{11 \cdot 13} + \frac{1}{15 \cdot 17} + \cdots = \frac{1}{2}\left(1 - \frac{\pi}{4}\right)$$

が得られる．さらに式は

$$\left(\frac{1}{3} - \frac{1}{5}\right) + \left(\frac{1}{7} - \frac{1}{9}\right) + \left(\frac{1}{11} - \frac{1}{13}\right) + \left(\frac{1}{15} - \frac{1}{17}\right) + \cdots = 1 - \frac{\pi}{4}$$

と書き改められるので，これによりライプニッツの級数

$$1 - \frac{1}{3} + \frac{1}{5} - \frac{1}{7} + \frac{1}{9} - \cdots = \frac{\pi}{4}$$

が示される.

つぎに $z = \dfrac{1}{3}$ とおくと

$$\sum_{n=1}^{\infty} \frac{1}{n^2 - \dfrac{1}{9}} = \frac{1}{2}\Big(9 - \sqrt{3}\pi\Big)$$

となるが，結果にはやはり π が含まれている．この式は

$$\frac{1}{2 \cdot 4} + \frac{1}{5 \cdot 7} + \frac{1}{8 \cdot 10} + \frac{1}{11 \cdot 13} + \cdots = \frac{1}{2}\left(1 - \frac{\pi}{3\sqrt{3}}\right)$$

もしくは

$$1 - \frac{1}{2} + \frac{1}{4} - \frac{1}{5} + \frac{1}{7} - \frac{1}{8} + \cdots = \frac{\pi}{3\sqrt{3}}$$

と書き換えられる.

そして $z = \dfrac{1}{2}$ の場合には

$$\sum_{n=1}^{\infty} \frac{1}{n^2 - \dfrac{1}{4}} = \frac{1}{2 \cdot \dfrac{1}{4}} - \frac{\pi}{2 \cdot \dfrac{1}{2}} \cdot \frac{\cos \dfrac{\pi}{2}}{\sin \dfrac{\pi}{2}} = 2$$

となる．ここでの結果は自然数 2 であり，円周率 π が含まれていない．さらにこの式で $n = 1, 2, 3, \cdots$ をあてはめれば

$$\frac{1}{1 \cdot 3} + \frac{1}{3 \cdot 5} + \frac{1}{5 \cdot 7} + \frac{1}{7 \cdot 9} + \cdots = \frac{1}{2}$$

となり，分母が奇数の積からなる級数に書き換えられる.

$z = mi$（m は実数で $m \neq 0$）とおくと

$$\sum_{n=1}^{\infty} \frac{1}{n^2 + m^2} = -\frac{1}{2m^2} + \frac{\pi}{2m} \frac{e^{\pi m} + e^{-\pi m}}{e^{\pi m} - e^{-\pi m}}$$

となる.

この式で $m = 1$ とおけば

$$\sum_{n=1}^{\infty} \frac{1}{n^2 + 1} = -\frac{1}{2} + \frac{\pi}{2} \frac{e^{\pi} + e^{-\pi}}{e^{\pi} - e^{-\pi}}$$

$$= -\frac{1}{2} + \frac{\pi}{2}\coth\pi$$

となる．ここでの値は，双曲線関数のひとつである双曲余接の値 $\coth\pi$ で表される．これまでに見たようにゼータ関数 $\zeta(2)$ は

$$\sum_{n=1}^{\infty} \frac{1}{n^2} = \frac{\pi^2}{6}$$

であり，値は π で表された．しかし，上の例のように $\zeta(2)$ の各分母に 1 を加えたときの級数の結果には e^π，すなわち円周率 π に加えて突然ネイピアの数 e が現れるのである．このことはほとんど予測がつかないことであり，とても神秘的でさえある．

さらに，つぎの式が得られる．和を $n=0$ からとると

$$\sum_{n=0}^{\infty} \frac{1}{n^2+1} = \frac{1}{2} + \frac{\pi}{2}\frac{e^\pi + e^{-\pi}}{e^\pi - e^{-\pi}}$$

となる．また n を整数 $(n = \cdots, -2, -1, 0, 1, 2, \cdots)$ とすれば

$$\sum_{n \in Z} \frac{1}{n^2+1} = \pi\frac{e^\pi + e^{-\pi}}{e^\pi - e^{-\pi}}$$

となる．いずれの場合も，シンプルでかつ美しい形の式で表される．

つぎに $m = \frac{1}{2}$ とおいたときには

$$\sum_{n=1}^{\infty} \frac{1}{n^2 + \dfrac{1}{4}} = -2 + \pi\frac{e^\pi + 1}{e^\pi - 1}$$

となる．ここでの式の値にも突然 π や e が現れており，左辺の無限級数からは想像ができないような，シンプルであり，かつエレガントな結果が現れる．

ここで双曲線関数について補足しておきたい．

x の双曲正弦 $\sinh x$，双曲余弦 $\cosh x$ はそれぞれ

$$\sinh x = \frac{e^x - e^{-x}}{2}, \quad \cosh x = \frac{e^x + e^{-x}}{2}$$

で定義され，また x の双曲正接 $\tanh x$，双曲余接 $\coth x$ はそれぞれ

$$\tanh x = \frac{e^x - e^{-x}}{e^x + e^{-x}}, \quad \coth x = \frac{e^x + e^{-x}}{e^x - e^{-x}}$$

で定義される，双曲線関数（hyperbolic function）と呼ばれるものである．ここで $\sinh x, \cosh x, \tanh x, \coth x$ の間には

$$\tanh x = \frac{\sinh x}{\cosh x}, \quad \coth x = \frac{\cosh x}{\sinh x}$$

という関係が成り立っている．

$\zeta(2)$ から第 1 項を引いたときの値は

$$\sum_{n=2}^{\infty} \frac{1}{n^2} = \frac{\pi^2}{6} - 1$$

である．$\zeta(2)$ から第 1 項を引いたときの級数において，さらにそれぞれの分母から 1 を引いたときには

$$\begin{aligned}
\sum_{n=2}^{\infty} \frac{1}{n^2 - 1} &= \sum_{n=2}^{\infty} \frac{1}{2}\left(\frac{1}{n-1} - \frac{1}{n+1}\right) \\
&= \frac{1}{2}\left\{\left(\frac{1}{1} - \frac{1}{3}\right) + \left(\frac{1}{2} - \frac{1}{4}\right) + \left(\frac{1}{3} - \frac{1}{5}\right) + \left(\frac{1}{4} - \frac{1}{6}\right) + \cdots\right\} \\
&= \frac{1}{2}\left(1 + \frac{1}{2}\right) = \frac{3}{4}
\end{aligned}$$

となる．これを書き改めれば級数

$$\frac{1}{1 \cdot 3} + \frac{1}{2 \cdot 4} + \frac{1}{3 \cdot 5} + \frac{1}{4 \cdot 6} + \cdots = \frac{3}{4}$$

を得る．

ここで現れた級数の結果には π が含まれておらず，簡単な有理数で表されるのである．いずれにしても $\zeta(2)$ の場合と比べると，値の姿は全く異なったものになっている．

10.2　ロピタルの定理を用いる

$\cot x$ を部分分数に分割する式から得られる，つぎの式

142　　第 10 章　余接関数 cot z とゼータ関数

$$\sum_{n=1}^{\infty} \frac{1}{n^2 - x^2} = \frac{1}{2x^2} - \frac{\pi}{2x} \frac{\cos \pi x}{\sin \pi x}$$

について考えてみたい. 前節においては, 上の式の x に $\frac{1}{4}, \frac{1}{2}$ など, さまざまな値を代入したときの結果を見てきた.

　そこで x についての関数 $f(x)$ を

$$f(x) = \sum_{n=1}^{\infty} \frac{1}{n^2 - x^2}$$

とおいた場合について考えることにする.

　$x \to 0$ のとき $f(x)$ の極限は

$$\lim_{x \to 0} f(x) = \lim_{x \to 0} \sum_{n=1}^{\infty} \frac{1}{n^2 - x^2} = \sum_{n=1}^{\infty} \frac{1}{n^2} = \zeta(2)$$

である. これに対し右辺は

$$\frac{1}{2x^2} - \frac{\pi}{2x} \frac{\cos \pi x}{\sin \pi x} = \frac{\sin \pi x - \pi x \cos \pi x}{2x^2 \sin \pi x}$$

であるが, $x \to 0$ のとき上の式は $\frac{0}{0}$ の不定形となる.

　このように $\frac{0}{0}$ の不定形となるような場合には, ロピタルの定理 (L'Hôpital's rule) を用いることで極限値を得られることがある. そこで, つぎはこの定理をもとにして暫く考えることにしたい.

　なお, 定理の内容はつぎのとおりである.

　ロピタルの定理　　関数 $f(x)$, $g(x)$ が a を含むある開区間において微分が可能であり, そして $g'(x)$ は $g'(x) \neq 0$ とする. このとき $f(a) = 0$, $g(a) = 0$ であり, さらに極限 $\lim_{x \to a} \frac{f'(x)}{g'(x)}$ が存在すれば

$$\lim_{x \to a} \frac{f(x)}{g(x)} = \lim_{x \to a} \frac{f'(x)}{g'(x)}$$

である.

　元の式に戻ると

$$\frac{\sin \pi x - \pi x \cos \pi x}{2x^2 \sin \pi x}$$

は $x \to 0$ のとき $\to \dfrac{0}{0}$ となるので，ロピタルの定理を繰り返して適用することができ

$$\lim_{x \to 0} \frac{\sin \pi x - \pi x \cos \pi x}{2x^2 \sin \pi x} = \lim_{x \to 0} \frac{\pi^2 \sin \pi x}{4 \sin \pi x + 2\pi x \cos \pi x}$$
$$= \lim_{x \to 0} \frac{\pi^2 \cos \pi x}{6 \cos \pi x - 2\pi x \sin \pi x} = \frac{\pi^2}{6}$$

したがって

$$\lim_{x \to 0} \left(\frac{1}{2x^2} - \frac{\pi}{2x} \frac{\cos \pi x}{\sin \pi x} \right) = \frac{\pi^2}{6}$$

となって

$$\zeta(2) = \frac{\pi^2}{6}$$

が示される．

また前述の

$$\sum_{n=1}^{\infty} \frac{1}{n^2 + m^2} = -\frac{1}{2m^2} + \frac{\pi}{2m} \frac{e^{2\pi m} + 1}{e^{2\pi m} - 1}$$
$$= \frac{1 - e^{2\pi m} + \pi m(e^{2\pi m} + 1)}{2m^2(e^{2\pi m} - 1)}$$

において $m \to 0$ のとき左辺は

$$\sum_{n=1}^{\infty} \frac{1}{n^2 + m^2} \to \zeta(2)$$

となる．

右辺を m の関数 $f(m)$ とすれば，$m \to 0$ のときには，右辺 $\to \dfrac{0}{0}$ の不定形となる．そこで，同じようにロピタルの定理を繰り返し適用する．3 回の微分によって

$$\lim_{m \to 0} \frac{4\pi^3 e^{2\pi m} + 8\pi^4 m e^{2\pi m}}{24\pi e^{2\pi m} + 48\pi^2 m e^{2\pi m} + 16\pi^3 m^2 e^{2\pi m}}$$

となるが，この極限値は $\dfrac{\pi^2}{6}$ である．

144 第 10 章 余接関数 cot z とゼータ関数

これまで極限をとったときの不定形は $\dfrac{0}{0}$ であったが，これ以外に $\dfrac{\infty}{\infty}$ となる場合についてもロピタルの定理は成り立つ．その他の場合であっても式の変形により，これらの不定形に持ち込むことができれば極限が求められることがある．

10.3 cot z とゼータ関数

第 4 章で述べたように，ゼータ関数の正の偶数での値はベルヌーイ数を用いて表された．この節では，余接関数 $\cot \pi z$ を用いて値を表す方法について考えることにしたい．

既に述べたように，ガンマ関数の相補公式から，つぎのディガンマ関数についての相補公式が導かれた．

$$\psi(1 - z) - \psi(z) = \pi \cot \pi z$$

ただしディガンマ関数 $\psi(z)$ は $\psi(z) = \dfrac{\Gamma'(z)}{\Gamma(z)}$ のことである．この式を z について $k - 1$ 回連続的に微分すると

$$(-1)^{k-1} \psi^{(k-1)}(1 - z) - \psi^{(k-1)}(z) = \pi \frac{d^{k-1}}{dz^{k-1}} \cot \pi z$$

となる．ここで

$$\psi^{(k)}(z) = \sum_{n=0}^{\infty} \frac{(-1)^{k+1} k!}{(z + n)^{k+1}}$$

であることををを思いおこすと，上の式は符号に注意してつぎのように書き改められる．

$$(-1)^{k-1}(k - 1)! \sum_{n=0}^{\infty} \frac{1}{(z + n)^k} - (k - 1)! \sum_{n=0}^{\infty} \frac{1}{(1 - z + n)^k}$$
$$= \pi \frac{d^{k-1}}{dz^{k-1}} \cot \pi z \tag{10.1}$$

以降では，この式をもとにして k が偶数の場合と奇数の場合に分けて考える．

10.3 cot z とゼータ関数　　　　145

(10.1) について，k が正の偶数の場合には式はつぎのようになる．

$$\sum_{n=0}^{\infty}\frac{1}{(z+n)^k}+\sum_{n=0}^{\infty}\frac{1}{(1-z+n)^k}=\frac{-\pi}{(k-1)!}\frac{d^{k-1}}{dz^{k-1}}\cot\pi z \qquad (10.2)$$

そして $z=\dfrac{1}{2},\dfrac{1}{3}$ の二つの場合について，実際に計算をしてみる．

$z=\dfrac{1}{2}$ とすると，(10.2) は

$$\sum_{n=0}^{\infty}\frac{2}{\left(\dfrac{1}{2}+n\right)^k}=\frac{-\pi}{(k-1)!}\frac{d^{k-1}}{dz^{k-1}}\cot\pi z\mid_{z=1/2}$$

となる．この左辺は

$$2^{k+1}\left(1+\frac{1}{3^k}+\frac{1}{5^k}+\frac{1}{7^k}+\cdots\right)=2(2^k-1)\zeta(k)$$

となり，したがって $\zeta(k)$ についての式

$$\begin{aligned}\zeta(k)&=1+\frac{1}{2^k}+\frac{1}{3^k}+\frac{1}{4^k}+\cdots\\&=\frac{-\pi}{2(2^k-1)(k-1)!}\frac{d^{k-1}}{dz^{k-1}}\cot\pi z\mid_{z=1/2}\end{aligned}$$

を得る．また $z=\dfrac{1}{3}$ とすれば同じようにして

$$\zeta(k)=\frac{-\pi}{(3^k\quad 1)(k-1)!}\frac{d^{k-1}}{dz^{k-1}}\cot\pi z\mid_{z=1/3}$$

が得られる．いずれの式からも，正の偶数 k におけるゼータ関数の値が得られる．

　この方法により $\zeta(k)$ の値を求めるためには，$\cot\pi z$ を z について $k-1$ 回連続的に微分することが必要である．実際

$$\begin{aligned}(\cot\pi z)'&=-\frac{\pi}{\sin^2\pi z}\\(\cot\pi z)''&=\frac{2\pi^2\cos\pi z}{\sin^3\pi z}\\(\cot\pi z)'''&=-\frac{2\pi^3(1+2\cos^2\pi z)}{\sin^4\pi z}\end{aligned}$$

$$(\cot \pi z)'''' = \frac{8\pi^4 \cos \pi z (2 + \cos^2 \pi z)}{\sin^5 \pi z}$$

などとなる.

例えば $z = \dfrac{1}{3}$ とした式において $k = 2$ とすれば, $\zeta(2)$ は

$$\zeta(2) = \frac{-\pi}{(3^2 - 1) \cdot 1} \cdot \frac{-\pi}{\sin^2 \dfrac{\pi}{3}} = \frac{\pi^2}{6}$$

となり, また $k = 4$ のときには $\zeta(4)$ は

$$\zeta(4) = \frac{2\pi^4}{(3^4 - 1) \cdot 3!} \cdot \frac{1 + 2\cos^2 \dfrac{\pi}{3}}{\sin^4 \dfrac{\pi}{3}} = \frac{\pi^4}{90}$$

となる.

つぎにゼータ関数 $\zeta(k)$ を求めるための一般的な式を導いてみよう. m を自然数とし, $z = \dfrac{1}{2m+1}, \dfrac{2}{2m+1}, \cdots, \dfrac{m}{2m+1}$ を (10.2) に代入して, 得られた m 個の式の和をとると

$$\sum_{l=1}^{m} \sum_{n=0}^{\infty} \left\{ \frac{1}{\left(\dfrac{l}{2m+1} + n\right)^k} + \frac{1}{\left(1 - \dfrac{l}{2m+1} + n\right)^k} \right\}$$
$$= -\sum_{l=1}^{m} \frac{\pi}{(k-1)!} \frac{d^{k-1}}{dz^{k-1}} \cot \pi z \mid_{z=l/(2m+1)}$$

となる. この左辺は二重級数であり一見したところ複雑な式のように思われるが, 式変形の過程で和の順序の交換ができ

$$\{(2m+1)^k - 1\}\zeta(k)$$

と簡単な式になる. これによりゼータ関数を表す一般的な式

$$\zeta(k) = -\frac{\pi}{\{(2m+1)^k - 1\}(k-1)!} \sum_{l=1}^{m} \frac{d^{k-1}}{dz^{k-1}} \cot \pi z \mid_{z=l/(2m+1)}$$

が得られる. ただし m は自然数で, k は正の偶数である.

上の式で $k = 2$ とし，また $m = 1, 2, 3$ とおけば $\zeta(2)$ の値は以下のように表される．

$m = 1$ とおくと

$$\zeta(2) = \frac{\pi^2}{8} \cdot \frac{1}{\sin^2 \dfrac{\pi}{3}}$$

$m = 2$ とおくと

$$\zeta(2) = \frac{\pi^2}{24} \left(\frac{1}{\sin^2 \dfrac{\pi}{5}} + \frac{1}{\sin^2 \dfrac{2\pi}{5}} \right)$$

$m = 3$ とおくと

$$\zeta(2) = \frac{\pi^2}{48} \left(\frac{1}{\sin^2 \dfrac{\pi}{7}} + \frac{1}{\sin^2 \dfrac{2\pi}{7}} + \frac{1}{\sin^2 \dfrac{3\pi}{7}} \right)$$

実際，$\zeta(2)$ は自然数 m に対し

$$\zeta(2) = \frac{\pi^2}{(2m+1)^2 - 1} \sum_{l=1}^{m} \frac{1}{\sin^2 \dfrac{l\pi}{2m+1}}$$

と書き表すことができる．

　無限級数である $\zeta(2)$ が有限和で表され，しかもこの表し方は任意の自然数 m に対して成り立つのであり，この点が面白いところである．

　このように k が偶数の場合，$\zeta(k)$ は任意の自然数 m に対して三角関数による m 個の項から成る有限和をもとにした積の形で表すことができるのである．

　ところで $z = \dfrac{1}{2}$ とした場合において，計算の過程で

$$1 + \frac{1}{3^k} + \frac{1}{5^k} + \frac{1}{7^k} + \cdots = \frac{-\pi}{2^{k+1}(k-1)!} \frac{d^{k-1}}{dz^{k-1}} \cot \pi z \,|_{z=1/2}$$

となっている．

　例えば $k = 2$ とすると

$$1 + \frac{1}{3^2} + \frac{1}{5^2} + \frac{1}{7^2} + \cdots = \frac{\pi}{2^3} \cdot \frac{\sin^2\frac{\pi}{2}}{\frac{\pi}{2}} = \frac{\pi^2}{8}$$

となる.

第11章

余接関数 $\cot z$ と L 関数

ガンマ関数の相補公式をもとにして式の変形を進めると，正の奇数べきの L 関数の値が得られる．そこで，この章では初めに mod3 の L 関数の例を取り上げ，考察をすることにしたい．

続いて mod5 の L 関数の例を取り上げる．この場合においては，二つの級数を組み合わせディリクレ指標を適用すれば，新たにさまざまな L 関数が得られる．

そして，解析的であり，また代数的でもあるという不思議な性質を，この L 関数において見ることができるのである．

11.1 ディリクレの L 関数とは（mod3, 4 の場合）

前の章で，(10.1) の式において k が偶数の場合には，ゼータ関数 $\zeta(k)$ の値が得られることが分かった．ここでは (10.1) の式において，k が正の奇数の場合について考えることにしたい．すると，これまでのゼータ関数に代わり，ディリクレの L 関数の値が得られるのである．ただし，$k = 1$ の場合については既に第 8 章で済ませているので，以降では $k > 1$ の場合について考えることにする．

式 (10.1) は $k(> 1)$ が奇数のときには

$$\sum_{n=0}^{\infty} \frac{1}{(z+n)^k} - \sum_{n=0}^{\infty} \frac{1}{(1-z+n)^k} = \frac{\pi}{(k-1)!} \frac{d^{k-1}}{dz^{k-1}} \cot \pi z \qquad (11.1)$$

となる．そこで，この式をもとにして導かれる L 関数の実際の例を見てみよう．

最初に $z = \dfrac{1}{3}$ とした場合を考える．このとき (11.1) は

$$\sum_{n=0}^{\infty} \frac{1}{\left(\frac{1}{3}+n\right)^k} - \sum_{n=0}^{\infty} \frac{1}{\left(\frac{2}{3}+n\right)^k} = \frac{\pi}{(k-1)!} \frac{d^{k-1}}{dz^{k-1}} \cot \pi z \mid_{z=1/3}$$

となる. 級数は絶対収束するので和の順序を変えると, 左辺は

$$3^k \left\{ \sum_{n=0}^{\infty} \frac{1}{(3n+1)^k} + \sum_{n=0}^{\infty} \frac{-1}{(3n+2)^k} \right\}$$

$$= 3^k \left(1 - \frac{1}{2^k} + \frac{1}{4^k} - \frac{1}{5^k} + \frac{1}{7^k} - \frac{1}{8^k} + \cdots \right)$$

となるので

$$1 - \frac{1}{2^k} + \frac{1}{4^k} - \frac{1}{5^k} + \frac{1}{7^k} - \frac{1}{8^k} + \cdots = \frac{\pi}{3^k (k-1)!} \frac{d^{k-1}}{dz^{k-1}} \cot \pi z \mid_{z=1/3}$$

が得られる.

例えば $k=3$ とすると $(\cot \pi z)'' = \dfrac{2\pi^2 \cos \pi z}{\sin^3 \pi z}$ なので

$$1 - \frac{1}{2^3} + \frac{1}{4^3} - \frac{1}{5^3} + \frac{1}{7^3} - \frac{1}{8^3} + \cdots = \frac{\pi}{3^3 2!} \cdot \frac{2\pi^2 \cos \dfrac{\pi}{3}}{\sin^3 \dfrac{\pi}{3}} = \frac{4\pi^3}{81\sqrt{3}}$$

となる.

この種の無限級数はディリクレの L 関数 (Dirichlet L-function) と呼ばれるもので, ディリクレ指標 (Dirichlet character) χ を用いて $L(k, \chi)$ と表される.

L 関数の説明に入る前に, 合同式についての基本的な事項についてまとめておきたい.

m を自然数とする. 二つの整数 a と b の差が m の整数倍であるとき a は m を法として b と合同であるといい, 合同式により

$$a \equiv b \bmod m$$

と書く. この式の意図するところについて, a を m で割ったときの余りである b に注目する, と考えればわかり易い.

合同式については以下が成り立つ.

11.1 ディリクレの L 関数とは（mod3, 4 の場合）

$$a \equiv a \bmod m$$

$$a \equiv b \bmod m \quad \text{であれば} \quad b \equiv a \bmod m$$

$$a \equiv b \bmod m, \quad b \equiv c \bmod m \quad \text{であれば} \quad a \equiv c \bmod m$$

さらに　$a \equiv b \bmod m, \quad c \equiv d \bmod m \quad$ であれば

$$a + c \equiv b + d \bmod m$$

$$a - c \equiv b - d \bmod m$$

$$ac \equiv bd \bmod m$$

$$a^j \equiv b^j \bmod m, \quad (j = 1, 2, 3, \cdots)$$

が成り立つ.

　自然数 N を法とするディリクレ指標を χ とする. このディリクレ指標 χ に対してディリクレの L 関数 $L(k, \chi)$ を

$$L(k, \chi) = \sum_{n=1}^{\infty} \frac{\chi(n)}{n^k}$$

で定義する.

　前述の無限級数

$$1 - \frac{1}{2^3} + \frac{1}{4^3} - \frac{1}{5^3} + \frac{1}{7^3} - \frac{1}{8^3} + \cdots = \frac{4\pi^3}{81\sqrt{3}}$$

に関してはつぎのように説明される.

　χ を

$$\chi(n) = \begin{cases} 0 & (n \equiv 0 \bmod 3) \\ 1 & (n \equiv 1 \bmod 3) \\ -1 & (n \equiv 2 \bmod 3) \end{cases}$$

と定義するものとする. このとき $\chi(n)$ は 3 を法とする単位指標でないディリクレ指標である.

　$\chi(n)$ は 3 を法とする剰余類（以下 mod3 で表す）により定義される, すなわち自然数 n は 3 を法として（3 で割ったときの剰余 $0, 1$ または 2 により）$\chi(n)$ は $0, 1$ または -1 のいずれかの値になるということである. 例え

ば $n = 5$ のときには $5 \equiv 2 \bmod 3$ なので $\chi(5) = \chi(2) = -1$，また $n = 4$ のときには $4 \equiv 1 \bmod 3$ なので，$\chi(4) = \chi(1) = 1$ などとなるのである．

以上のようにガンマ関数の相補公式から出発し，微分を繰返して得られる級数について，$z = \dfrac{1}{3}$ とおいた場合には各項の係数は $\bmod 3$ の剰余類により決まるということである．すなわち，解析的に得られた級数が実は代数的でもあるということであり，この点が面白いところである．

なお一般的に $z = \dfrac{1}{N}$ $(N = 2, 3, 4, \cdots)$ とおいた場合には，級数の係数は $\bmod N$ により決まるのである．

次章で述べるようにディリクレ指標となる一定の要件があるが，今の場合にはそれらの要件は満たされている．以降で述べる指標 $\chi(n)$ についても事情は同じである．

例で挙げた式は $k = 3$ の場合であり $\chi(n)$ を使って

$$L(3, \chi) = \sum_{n=1}^{\infty} \frac{\chi(n)}{n^3}$$

で表される．実際に計算の過程を丁寧に見てみると

$$L(3, \chi) = \frac{\chi(1)}{1^3} + \frac{\chi(2)}{2^3} + \frac{\chi(3)}{3^3} + \frac{\chi(4)}{4^3} + \frac{\chi(5)}{5^3} + \frac{\chi(6)}{6^3} + \cdots$$
$$= 1 - \frac{1}{2^3} + \frac{1}{4^3} - \frac{1}{5^3} + \frac{1}{7^3} - \frac{1}{8^3} + \cdots$$

となり，したがって $L(3, \chi)$ の値は既に得られたように

$$L(3, \chi) = \frac{4\pi^3}{81\sqrt{3}}$$

となるのである．

つぎに $\bmod 3$ のディリクレ指標に対し，$k = 5$ の場合には同じようにして以下のようになる．

$$L(5, \chi) = 1 - \frac{1}{2^5} + \frac{1}{4^5} - \frac{1}{5^5} + \frac{1}{7^5} - \frac{1}{8^5} + \cdots = \frac{4\pi^5}{729\sqrt{3}}$$

$L(k, \chi)$ は $k > 1$ において絶対収束する関数である．このことは $|\chi(n)| \leq 1$ であるので

$$\sum_{n=1}^{\infty} \left| \frac{\chi(n)}{n^k} \right| \leq \sum_{n=1}^{\infty} \frac{1}{n^k} = \zeta(k)$$

となり，$\zeta(k)$ が収束することからわかる．

そして $k > 1$ のときには $L(k, \chi)$ はオイラー積表示

$$L(k, \chi) = \prod_p \left(1 - \frac{\chi(p)}{p^k} \right)^{-1}$$

をもつ．ここで p はすべての素数をわたる．このオイラー積表示をもつという点については，ゼータ関数に似ているといえる．

χ が単位指標でない（$\chi \neq \chi_0$）ときには，$k > 0$ で収束する関数である．実際 $\chi \neq \chi_0$ なら $L(1, \chi)$

$$L(1, \chi) = \sum_{n=1}^{\infty} \frac{\chi(n)}{n}$$

は条件収束する．その例としてライプニッツの級数がある．

なおゼータ関数 $\zeta(s), (s > 1)$

$$\zeta(s) = 1 + \frac{1}{2^s} + \frac{1}{3^s} + \frac{1}{4^s} + \cdots$$

も一種のディリクレの L 関数である．すなわち χ を

$$\chi(n) = 1, \quad (n \equiv 0 \bmod 1)$$

と定義されるディリクレ指標とするとき，$\zeta(s)$ は χ によるディリクレの L 関数 $L(s, \chi)$ である．

つぎにオイラー積の例をもとにして説明をする．

例えば k が奇数で，χ を前述の mod3 のディリクレ指標とする．このとき $L(k, \chi)$ のオイラー積は以下のようになる．

$$\left(1 - \frac{\chi(2)}{2^k} \right)^{-1} \left(1 - \frac{\chi(3)}{3^k} \right)^{-1} \left(1 - \frac{\chi(5)}{5^k} \right)^{-1} \left(1 - \frac{\chi(7)}{7^k} \right)^{-1} \cdots$$
$$= \left(1 + \frac{1}{2^k} \right)^{-1} \left(1 + \frac{1}{5^k} \right)^{-1} \left(1 - \frac{1}{7^k} \right)^{-1} \left(1 + \frac{1}{11^k} \right)^{-1} \cdots$$

この式は以下のように書き改められる.

$$L(k,\chi) = \prod_{p\equiv 2(3)} \left(1+\frac{1}{p^k}\right)^{-1} \prod_{p\equiv 1(3)} \left(1-\frac{1}{p^k}\right)^{-1}$$

このように, 右辺における $\frac{1}{p^k}$ の符号は, p が $2 \bmod 3$ (式では $p \equiv 2(3)$ で表されている. 以下も同じ) のときには正, p が $1 \bmod 3$ のときには負となっている.

つぎは $L(3,\chi)$ のオイラー積から始めて, 式の変形を進める.

$$\left(1+\frac{1}{2^3}\right)^{-1}\left(1+\frac{1}{5^3}\right)^{-1}\left(1-\frac{1}{7^3}\right)^{-1}\left(1+\frac{1}{11^3}\right)^{-1}\cdots$$
$$= \left(1-\frac{1}{2^3}+\frac{1}{2^{2\cdot3}}-\frac{1}{2^{3\cdot3}}+\cdots\right)\left(1-\frac{1}{5^3}+\frac{1}{5^{2\cdot3}}-\frac{1}{5^{3\cdot3}}+\cdots\right)$$
$$\times\left(1+\frac{1}{7^3}+\frac{1}{7^{2\cdot3}}+\frac{1}{7^{3\cdot3}}+\cdots\right)\cdots$$
$$= 1-\frac{1}{2^3}+\frac{1}{2^{2\cdot3}}-\frac{1}{5^3}+\frac{1}{7^3}-\frac{1}{2^{3\cdot3}}+\left(-\frac{1}{2^3}\right)\cdot\left(-\frac{1}{5^3}\right)-\cdots$$
$$= 1-\frac{1}{2^3}+\frac{1}{4^3}-\frac{1}{5^3}+\frac{1}{7^3}-\frac{1}{8^3}+\frac{1}{10^3}-\cdots.$$

となって, 無限級数で表されることがわかる. そして, 分母には 3 を約数にもつ自然数は現れてこないことが読みとれる.

ここでの計算では, 後で述べるように $\chi(a)\chi(b) = \chi(ab)$ が成り立つことを適用している.

これまでは, mod3 の L 関数について説明をした. つぎに mod4 の場合の L 関数はつぎのようになる.

k が奇数の場合の式 (11.1) で, $z = \frac{1}{4}$ とおいた場合を考える. このとき

$$L(k,\chi) = \sum_{n=1}^{\infty}\frac{\chi(n)}{n^k} = 1-\frac{1}{3^k}+\frac{1}{5^k}-\frac{1}{7^k}+\cdots$$
$$= \frac{\pi}{4^k(k-1)!}\frac{d^{k-1}}{dz^{k-1}}\cot\pi z\,|_{z=1/4}$$

が得られる. ただし χ は

$$\chi(n) = \begin{cases} 0 & (n \equiv 0, 2 \bmod 4) \\ 1 & (n \equiv 1 \bmod 4) \\ -1 & (n \equiv 3 \bmod 4) \end{cases}$$

で定義される，mod4 の単位指標ではないディリクレ指標である．

例えば $k = 3$ の場合には以下のようになる．

$$L(3, \chi) = 1 - \frac{1}{3^3} + \frac{1}{5^3} - \frac{1}{7^3} + \cdots = \frac{\pi^3}{32}$$

ここで，オイラー数 E_{2m} と $\cot \pi z$ との関係についてふれておく．

第 5 章で述べたように，オイラー数 E_{2m} をもとにすれば $L(k, \chi)$ は

$$\begin{aligned} L(k, \chi) &= 1 - \frac{1}{3^k} + \frac{1}{5^k} - \frac{1}{7^k} + \cdots \\ &= \frac{\pi}{4^k (k-1)!} \frac{d^{k-1}}{dz^{k-1}} \cot \pi z \mid_{z=1/4} \\ &= \frac{(-1)^{(k-1)/2} \pi^k}{2^{k+1} (k-1)!} E_{k-1}, \quad (k = 1, 3, 5, \cdots) \end{aligned}$$

と表される．ただし χ は前述の mod4 のディリクレ指標である．この式からオイラー数 E_{k-1} と三角関数 $\cot \pi z \mid_{z=1/4}$ の関係が分かり，つぎのようになる．

$$E_{k-1} = \frac{(-1)^{(k-1)/2}}{(2\pi)^{k-1}} \frac{d^{k-1}}{dz^{k-1}} \cot \pi z \mid_{z=1/4}$$

11.2 mod5 の L 関数について

この節では，5 を法とする（以下 mod5 と表す）ディリクレ指標による L 関数について説明することにしたい．この L 関数の値も前章で述べたような方法により求められる．

そこでこれまでと同じ様に k が偶数または奇数の二つの場合に分け，L 関数の実際の例をもとにして説明したい．用語の説明は後に回したうえで，まずは式変化の様子を目で確かめていただきたい．

最初に k が正の偶数の場合の mod5 の L 関数について考える．

156 　第 11 章　余接関数 cot z と L 関数

(10.2) の式

$$\sum_{n=0}^{\infty} \frac{1}{(z+n)^k} + \sum_{n=0}^{\infty} \frac{1}{(1-z+n)^k} = \frac{-\pi}{(k-1)!} \frac{d^{k-1}}{dz^{k-1}} \cot \pi z$$

において $z = \dfrac{1}{5}$ とおいた場合，式はつぎのようになる．

$$1 + \frac{1}{4^k} + \frac{1}{6^k} + \frac{1}{9^k} + \frac{1}{11^k} + \frac{1}{14^k} + \cdots$$
$$= \frac{-\pi}{5^k(k-1)!} \frac{d^{k-1}}{dz^{k-1}} \cot \pi z \mid_{z=1/5}, \tag{11.2}$$

同様に $z = \dfrac{2}{5}$ の場合には，つぎのとおり．

$$\frac{1}{2^k} + \frac{1}{3^k} + \frac{1}{7^k} + \frac{1}{8^k} + \frac{1}{12^k} + \frac{1}{13^k} + \cdots$$
$$= \frac{-\pi}{5^k(k-1)!} \frac{d^{k-1}}{dz^{k-1}} \cot \pi z \mid_{z=2/5} \tag{11.3}$$

　二つの式の和 (11.2) + 1 × (11.3) をとれば，項の順序の変更ができるので

$$1 + \frac{1}{2^k} + \frac{1}{3^k} + \frac{1}{4^k} + \frac{1}{6^k} + \frac{1}{7^k} + \frac{1}{8^k} + \frac{1}{9^k} + \frac{1}{11^k} + \cdots$$
$$= \frac{-\pi}{5^k(k-1)!} \left\{ \frac{d^{k-1}}{dz^{k-1}} \cot \pi z \mid_{z=1/5} + \frac{d^{k-1}}{dz^{k-1}} \cot \pi z \mid_{z=2/5} \right\}$$

が得られる．

　つぎに χ_0 を

$$\chi_0(n) = \begin{cases} 0 & (n \equiv 0 \bmod 5) \\ 1 & (n \not\equiv 0 \bmod 5) \end{cases}$$

で定めることにする．

　このとき上の級数は，χ_0 による $L(k, \chi_0)$ として表されることがわかる．すなわち $L(k, \chi_0)$ の値は，$\dfrac{d^{k-1}}{dz^{k-1}} \cot \pi z$ における $z = \dfrac{1}{5}$, $z = \dfrac{2}{5}$ の値の和から得られるのである．

　ここで用いた χ_0 は，mod5 の単位指標（自明な指標）といわれる一種のディリクレ指標である．n が 5 で割り切れるときは $\chi_0(n) = 0$, そうでな

いときには $\chi_0(n) = 1$ となる指標を mod5 の単位指標 $\chi_0(n)$ というのである.

上の式において $k = 2$ とすると, 以下のように $L(2, \chi_0)$ が導かれる.

$$1 + \frac{1}{2^2} + \frac{1}{3^2} + \frac{1}{4^2} + \frac{1}{6^2} + \frac{1}{7^2} + \frac{1}{8^2} + \frac{1}{9^2} + \frac{1}{11^2} + \cdots = \frac{4\pi^2}{25}$$

ところで, この $L(2, \chi_0)$ は $\zeta(2)$ から $\dfrac{1}{5^2} + \dfrac{1}{10^2} + \dfrac{1}{15^2} + \cdots$ を引いたときの級数なので, つぎのように書き表される.

$$L(2, \chi_0) = \zeta(2) - \frac{1}{5^2}\zeta(2) = \zeta(2)\left(1 - \frac{1}{5^2}\right)$$

そして $\zeta(2)$ はオイラー積により

$$\zeta(2) = \left(1 - \frac{1}{2^2}\right)^{-1}\left(1 - \frac{1}{3^2}\right)^{-1}\left(1 - \frac{1}{5^2}\right)^{-1}\left(1 - \frac{1}{7^2}\right)^{-1}\cdots$$

で表されたので, 上の二つの式から分かるように, $L(2, \chi_0)$ のオイラー積は $\left(1 - \dfrac{1}{5^2}\right)^{-1}$ の項が除かれた

$$L(2, \chi_0) = \left(1 - \frac{1}{2^2}\right)^{-1}\left(1 - \frac{1}{3^2}\right)^{-1}\left(1 - \frac{1}{7^2}\right)^{-1}\left(1 - \frac{1}{11^2}\right)^{-1}\cdots$$

となる.

一般的に q が素数のとき, 単位指標による mod$q$ の L 関数 $L(k, \chi_0)$ とゼータ関数 $\zeta(k)$ との間には

$$L(k, \chi_0) = \zeta(k)\left(1 - \frac{1}{q^k}\right)$$

という関係が成り立つ. 実際, χ が mod$q$ の単位指標 χ_0 のときには, $L(k, \chi_0)$ は $k > 1$ で収束し

$$L(k, \chi_0) = \prod_{p \neq q}\left(1 - \frac{1}{p^k}\right)^{-1}$$

158   第 11 章 余接関数 $\cot z$ と L 関数

となるのである．ここで p は q ではないすべての素数をわたる．そして，$L(k,\chi_0)$ はゼータ関数と似た性質をもっている．（$k=1$ で発散する）

二つの式による $(11.2)+(-1)\times(11.3)$ からは，以下の $L(k,\chi_2)$ が得られる．

$$1-\frac{1}{2^k}-\frac{1}{3^k}+\frac{1}{4^k}+\frac{1}{6^k}-\frac{1}{7^k}-\frac{1}{8^k}+\frac{1}{9^k}+\frac{1}{11^k}-\cdots$$
$$=\frac{-\pi}{5^k(k-1)!}\left\{\frac{d^{k-1}}{dz^{k-1}}\cot\pi z\mid_{z=1/5}-\frac{d^{k-1}}{dz^{k-1}}\cot\pi z\mid_{z=2/5}\right\}$$

ただし χ_2 は

$$\chi_2(n)=\begin{cases}0 & (n\equiv 0 \bmod 5)\\ 1 & (n\equiv 1,4 \bmod 5)\\ -1 & (n\equiv 2,3 \bmod 5)\end{cases}$$

で定義される，mod5 のディリクレ指標である．

例えば $k=2$ とすると $L(2,\chi_2)$ はつぎのようになる．

$$\left(1-\frac{1}{2^2}-\frac{1}{3^2}+\frac{1}{4^2}\right)+\left(\frac{1}{6^2}-\frac{1}{7^2}-\frac{1}{8^2}+\frac{1}{9^2}\right)+\cdots=\frac{4\pi^2}{25\sqrt{5}}$$

このときの指標 χ_2 は，後で述べるように平方剰余記号 $\left(\dfrac{n}{5}\right)$ により表される．

つぎに，k が正の奇数の場合について考えることにしたい．

(11.1) の式において $z=\dfrac{1}{5}$，$z=\dfrac{2}{5}$ とおくと，それぞれつぎの (11.4) および (11.5) が導かれる．

$$1-\frac{1}{4^k}+\frac{1}{6^k}-\frac{1}{9^k}+\frac{1}{11^k}-\frac{1}{14^k}+\cdots=\frac{\pi}{5^k k!}\frac{d^k}{dz^k}\cot\pi z\mid_{z=1/5}\quad(11.4)$$

$$\frac{1}{2^k}-\frac{1}{3^k}+\frac{1}{7^k}-\frac{1}{8^k}+\frac{1}{12^k}-\frac{1}{13^k}+\cdots=\frac{\pi}{5^k k!}\frac{d^k}{dz^k}\cot\pi z\mid_{z=2/5}\quad(11.5)$$

ここで $(11.4)+i\times(11.5)$ からは，級数 $L(k,\chi_1)$ が得られる．

例えば $k=3$ とすると $L(3,\chi_1)$ が導かれる．

$$\left(1+\frac{i}{2^3}-\frac{i}{3^3}-\frac{1}{4^3}\right)+\left(\frac{1}{6^3}+\frac{i}{7^3}-\frac{i}{8^3}-\frac{1}{9^3}\right)+\cdots$$

$$= \frac{2\pi^3}{625} \left\{ \frac{10 + 6\sqrt{5}}{\sqrt{10 - 2\sqrt{5}}} + i \frac{-10 + 6\sqrt{5}}{\sqrt{10 - 2\sqrt{5}}} \right\}$$

ただし χ_1 は

$$\chi_1(n) = \begin{cases} 0 & (n \equiv 0 \bmod 5) \\ 1 & (n \equiv 1 \bmod 5) \\ i & (n \equiv 2 \bmod 5) \\ -i & (n \equiv 3 \bmod 5) \\ -1 & (n \equiv 4 \bmod 5) \end{cases}$$

で定義される，mod5 のディリクレ指標である．ここで i は虚数単位（$i^2 = -1$）である．

同じように $(11.4) + (-i) \times (11.5)$ からは $L(k, \chi_3)$ が得られる．

例えば $k = 3$ とすると $L(3, \chi_3)$ が導かれる．

$$\left(1 - \frac{i}{2^3} + \frac{i}{3^3} - \frac{1}{4^3} \right) + \left(\frac{1}{6^3} - \frac{i}{7^3} + \frac{i}{8^3} - \frac{1}{9^3} \right) + \cdots$$
$$= \frac{2\pi^3}{625} \left\{ \frac{10 + 6\sqrt{5}}{\sqrt{10 - 2\sqrt{5}}} - i \frac{-10 + 6\sqrt{5}}{\sqrt{10 - 2\sqrt{5}}} \right\}$$

ただし χ_3 は

$$\chi_3(n) = \begin{cases} 0 & (n \equiv 0 \bmod 5) \\ 1 & (n \equiv 1 \bmod 5) \\ -i & (n \equiv 2 \bmod 5) \\ i & (n \equiv 3 \bmod 5) \\ -1 & (n \equiv 4 \bmod 5) \end{cases}$$

で定義される，mod5 のディリクレ指標である．

第 10 章において (10.1) から，ゼータ関数が導かれることについて述べた．またこの章の第 1 節では，(11.1) から mod3, mod4 の L 関数が導かれることについて述べた．

ところでこの第 2 節では，(10.2) または (11.1) において z に複数の値を適用し，このとき得られる複数の式の和から mod5 の L 関数を導こうとするものである．

これまでに見たように mod5 の場合では，二つの級数のうちの一つに係数 $1, -1, i$ または $-i$ を乗じ，その和から新たな級数を得たのであった．もちろん係数を乗じない場合でも級数は得られる．しかしこのように係数を掛けることにより，より体系的で，まとまりのある級数の世界を見ることができるのである．

この係数にみられる $\chi_0, \chi_1, \chi_2, \chi_3$ は，1 の 4 乗根である $i, -i, 1, -1$ のいずれか，もしくは 0 であり，mod5 のディリクレ指標である．

以上で述べた級数はディリクレ指標による L 関数の例であり，mod5 場合には 4 種類の級数が得られるのである．

なお単に二つの式の和をとった (11.4) + (11.5) の場合において，例えば $k = 3$ とすると

$$\left(1 + \frac{1}{2^3} - \frac{1}{3^3} - \frac{1}{4^3}\right) + \left(\frac{1}{6^3} + \frac{1}{7^3} - \frac{1}{8^3} - \frac{1}{9^3}\right) + \cdots = \frac{24\sqrt{5}\pi^3}{625\sqrt{10 - 2\sqrt{5}}}$$

となり，また単に二つの式の差をとった (11.4) − (11.5) の場合において，同様に $k = 3$ とすると

$$\left(1 - \frac{1}{2^3} + \frac{1}{3^3} - \frac{1}{4^3}\right) + \left(\frac{1}{6^3} - \frac{1}{7^3} + \frac{1}{8^3} - \frac{1}{9^3}\right) + \cdots = \frac{8\pi^3}{125\sqrt{10 - 2\sqrt{5}}}$$

となる．

以上で見たように，奇数べきの L 関数の値が容易に得られるのに対して，繰り返しになるが，最もシンプルな級数であるゼータ関数の正の奇数での値，$\zeta(3), \zeta(5), \cdots$ については，今のところこのような方法は見出されていないのである．

表 11-1 mod5 のディリクレ指標

	$n = 0$	$n = 1$	$n = 2$	$n = 3$	$n = 4$
$\chi_0(n)$	0	1	1	1	1
$\chi_1(n)$	0	1	i	$-i$	-1
$\chi_2(n)$	0	1	-1	-1	1
$\chi_3(n)$	0	1	$-i$	i	-1

11.3 $L(1, \chi)$ の値について   161

これまでは mod 5 の L 関数の例を見てきたので，ここで mod 5 のディリクレ指標についてまとめておきたい．この mod 5 のディリクレ指標は，別表のとおりになる．

(1) χ_0 は単位指標である．$\chi_0(n)$ は，n が 5 で割り切れるときは 0，それ以外は 1 となる．

(2) $\left(\ \right)$ を後に述べる平方剰余記号とするとき，χ_2 に関し

$$\chi_2(n) = \left(\frac{n}{5}\right)$$

という関係がある．

(3) 二つの指標の関係ついて

$$\chi_2(n) = \chi_1(n)^2$$
$$\chi_3(n) = \chi_1(n)^3$$
$$\chi_0(n) = \chi_1(n)^4$$

が成り立っている．例えば

$$\chi_1(3)^3 = (-i)^3 = i = \chi_3(3)$$
$$\chi_1(4)^4 = (-1)^4 = 1 = \chi_0(4)$$

となる．そして $\chi_1(n), \chi_2(n), \chi_3(n)$ の間には

$$\chi_3(n) = \chi_1(n)\chi_2(n)$$

という関係がある．

11.3 $L(1, \chi)$ の値について

第 2 章で挙げた，値が対数で書かれる無限級数

$$L(1, \chi_2) = \left(1 - \frac{1}{3} - \frac{1}{5} + \frac{1}{7}\right) + \left(\frac{1}{9} - \frac{1}{11} - \frac{1}{13} + \frac{1}{15}\right) + \cdots$$
$$= \frac{1}{\sqrt{2}} \log(\sqrt{2} + 1)$$

について，おおまかではあるが説明をしておきたい．

$L(1, \chi)$ の値に関しては，つぎの一般的な式が知られている．

χ は単位指標ではない，偶指標（$\chi(-1) = 1$ となる指標）の $\mathrm{mod}\, N$ のディリクレ指標とする．このとき $L(1, \chi)$ の値は，つぎの式で与えられる．

$$L(1, \chi) = -\frac{1}{g(\overline{\chi})} \sum_{n=1}^{N} \overline{\chi}(n) \log |\, 1 - \zeta_N^{-n} \,|$$

ここで $g(\chi)$ はガウス和で

$$g(\chi) = \sum_{n=1}^{N} \chi(n) \zeta_N^n$$

で定義される．ζ_N は N 乗して初めて 1 になる 1 の原始 N 乗根で，$\zeta_N = e^{2\pi i/N}$ である．また $\overline{\chi}$ は $\overline{\chi}(n) = \overline{\chi(n)}$（$\chi(n)$ の複素共役のこと）である．

例で挙げた級数は，この公式を用いて求められる．

χ_2 を

$$\chi_2(n) = \begin{cases} 0 & (n \equiv 0, 2, 4, 6 \bmod 8) \\ 1 & (n \equiv 1, 7 \bmod 8) \\ -1 & (n \equiv 3, 5 \bmod 8) \end{cases}$$

で定義される $\mathrm{mod}\, 8$ のディリクレ指標とする．

このとき $L(1, \chi_2)$ はつぎのようになる．なお $\chi_2(-1) = 1$ なので，χ_2 は偶指標である．

$$L(1, \chi_2) = -\frac{1}{g(\overline{\chi_2})} \sum_{n=1}^{8} \overline{\chi_2}(n) \log |\, 1 - \zeta_8^{-n} \,|$$

まずガウス和は以下のとおり．$\overline{\chi_2} = \chi_2$ だから

$$g(\overline{\chi_2}) = g(\chi_2) = \sum_{n=1}^{8} \chi_2(n) e^{2\pi i \cdot n \cdot /8}$$

$$= \left(\frac{1}{\sqrt{2}} + \frac{1}{\sqrt{2}} i \right) - \left(-\frac{1}{\sqrt{2}} + \frac{1}{\sqrt{2}} i \right) - \left(-\frac{1}{\sqrt{2}} - \frac{1}{\sqrt{2}} i \right)$$

$$+ \left(\frac{1}{\sqrt{2}} - \frac{1}{\sqrt{2}} i \right) = 2\sqrt{2}$$

そして

$$\sum_{n=1}^{8} \chi_2(n) \log | 1 - \zeta_8^{-n} | = \log \frac{| 1 - \zeta_8^{-1} || 1 - \zeta_8^{-7} |}{| 1 - \zeta_8^{-3} || 1 - \zeta_8^{-5} |}$$

$$= \log \frac{\left| 2 - \left(\frac{1}{\sqrt{2}} - \frac{1}{\sqrt{2}}i \right) - \left(\frac{1}{\sqrt{2}} + \frac{1}{\sqrt{2}}i \right) \right|}{\left| 2 - \left(-\frac{1}{\sqrt{2}} - \frac{1}{\sqrt{2}}i \right) - \left(-\frac{1}{\sqrt{2}} + \frac{1}{\sqrt{2}}i \right) \right|}$$

$$= 2 \log(\sqrt{2} - 1)$$

となる. よって, つぎのとおり $L(1, \chi_2)$ の値が求められる.

$$L(1, \chi_2) = \left(1 - \frac{1}{3} - \frac{1}{5} + \frac{1}{7} \right) + \left(\frac{1}{9} - \frac{1}{11} - \frac{1}{13} + \frac{1}{15} \right) + \cdots$$

$$= \frac{1}{\sqrt{2}} \log(\sqrt{2} + 1)$$

対数の真数において見られる $\sqrt{2} + 1$ は基本単数 ϵ と呼ばれるものである. $(\sqrt{2}+1)(\sqrt{2}-1) = 1$ であるが, このように a, b を整数として $a + b\sqrt{2}$ の形で表される 1 の約数を, $Z[\sqrt{2}]$ における単数と呼んでいる. 例えば, $Z[\sqrt{-1}]$ の単数は $\pm 1, \pm\sqrt{-1}$ である. この $Z[\sqrt{2}]$ での単数はいくらでもあるが, 基本単数 $\epsilon = \sqrt{2} + 1$ に対し, それらは ϵ の (正負の) 整数べきで表される. 例えば, $\epsilon^2 = 3 + 2\sqrt{2}$, $\epsilon^3 = 7 + 5\sqrt{2}$ はいずれも単数である.

K を 2 次体 $K - Q(\sqrt{m})$ (m は平方数でない正の整数で, 体 $Q(\sqrt{m})$ は有理数と $\sqrt{m}$ を用いて, 四則演算により表される数の集合を表す.) として, h を K の類数とすれば, 類数公式をもとにして, $L(1, \chi)$ は

$$L(1, \chi) = h \frac{2 \log \epsilon}{\sqrt{N}}$$

で表される. ここで N は

$$N = \begin{cases} m & (m \equiv 1 \bmod 4) \\ 4m & (m \equiv 2, 3 \bmod 4) \end{cases}$$

で定められる.

164　　　　　第 11 章　余接関数 cot z と L 関数

今の例では $m = 2$ の場合であり $N = 8$ となる．よって

$$L(1, \chi) = h\frac{2\log(\sqrt{2} + 1)}{\sqrt{8}}$$

から $Q(\sqrt{2})$ の類数は $h = 1$ となることが分かる．

　級数展開から想像することは難しいのであるが，$L(1, \chi)$ においては数論におけるさまざまな性質が潜んでいるかのようであり，このような点が興味深いところである．

第12章

ディリクレ指標と L 関数

この章では，L 関数で使われているディリクレ指標について説明をする．ディリクレ指標は，例えば 1 の N 乗根からなり，またオイラー関数と関係を有するなど，実は奥の深いところがある．

そのなかのあるディリクレ指標は，± 1 で表される平方剰余記号と同じという関係にある．こうして，実はガンマ関数の相補公式から導かれた L 関数のなかには，全く別に定められた平方剰余と関係があり，互いに結ばれているという例があるのである．

また，この章においては，ディリクレ指標による L 関数の値を求める際の一般的な公式を導くことにしたい．

12.1 ディリクレ指標とは

N を自然数とし，また a, b を整数とする．

χ に関し以下の内容が満たされるとき，χ は N を法とするディリクレ指標である，という．

χ は，a に対し複素数 $\chi(a)$ を対応させるものであり，χ がつぎの条件を満たす場合に χ は N を法とする（$\mathrm{mod} N$ の）ディリクレ指標（Dirichlet character）である，というのである．

(1) $(a, N) \neq 1$（a と N が互いに素でない）のとき $\chi(a) = 0$，また a と N が互いに素，すなわち $(a, N) = 1$ なら $\chi(a) \neq 0$

(2) $\chi(1) = 1$

(3) $a \equiv b \bmod N$ ならば $\chi(a) = \chi(b)$

(4) $\chi(ab) = \chi(a)\chi(b)$

166 第 12 章 ディリクレ指標と L 関数

以下において少し補足説明をする.

$(a, N) = 1$ となるすべての a に対し

$$\chi_0(a) = 1$$

と定めるとき χ_0 は $\mathrm{mod} N$ の単位指標（自明な指標）と呼ばれる. この場合も $(a, N) \neq 1$ であれば $\chi_0(a) = 0$ となる. つぎに $\chi(-1)^2 = 1$ であり, $\chi(-1) = 1$ または $\chi(-1) = -1$ となる. 前者のときには χ を偶指標といい, また後者のときには χ を奇指標という. (3) において χ は N で割ったときの剰余により決まるということ, また (4) においては χ は乗法的であるということを述べている. これまでの $\mathrm{mod} 3$, $\mathrm{mod} 4$, $\mathrm{mod} 5$ の指標は, いずれも上の (1) から (4) までの条件を満たしており, ディリクレ指標である.

p を奇素数（2 ではない素数）とする.

a と p が互いに素なら, $\chi(a)$ は 1 の $p - 1$ 乗根である. すなわち

$$\chi(a)^{p-1} = 1$$

が成り立つ. また $\mathrm{mod} p$ の指標は $p - 1$ 個ある.

$\mathrm{mod} 5$ に関してこのことを確かめると, 指標は $\chi_0, \chi_1, \chi_2, \chi_3$ の 4 個である. また $\chi(a), (a \neq 0)$ は 1 の 4 乗根である $1, -1, i, -i$ のいずれかであることはすぐにわかる.

$\chi(a)$ が 1 の $p - 1$ 乗根であることは, 以下のようにして示される.
まず

$$(n_1 + n_2)^p \equiv n_1^p + n_2^p \bmod p$$

である. なぜなら二項定理により

$$(n_1 + n_2)^p = n_1^p + \binom{p}{1} n_1^{p-1} n_2 + \binom{p}{2} n_1^{p-2} n_2^2 + \cdots + n_2^p$$

であるが, このとき右辺の第 1 項と最後の項を除いた項の係数

$$\binom{p}{r} = \frac{p(p-1)(p-2) \cdots (p-r+1)}{r(r-1) \cdots 2 \cdot 1}, \quad (0 < r < p)$$

において，分母に見られる $r, r-1, \cdots, 2$ は p を割り切らないので，整数 $\binom{p}{r}$ は p の倍数となるからである．

式を繰り返すと

$$(n_1 + n_2 + n_3 + \cdots + n_a)^p = n_1^p + n_2^p + \cdots + n_a^p \bmod p$$

であるが，ここで $n_1 = n_2 = \cdots = n_a = 1$ とおけば

$$a^p \equiv a \bmod p$$

となる．そして a と p は素であるので

$$a^{p-1} \equiv 1 \bmod p$$

が成り立つ．これをフェルマーの小定理（Fermat's little theorem）と呼んでいる．

この定理と上に掲げた (3) により

$$\chi(a^{p-1}) = \chi(1) = 1$$

である．一方で (4) から

$$\chi(a^{p-1}) = \chi(a^{p-2})\chi(a) = \chi(a^{p-3})\chi(a)^2 = \cdots = \chi(a)^{p-1}$$

したがって

$$\chi(a)^{p-1} = 1$$

となる．よって $\chi(a)$ は 1 の $p-1$ 乗根である．

一般的に 1 の N 乗根，すなわち方程式 $z^N - 1 = 0$ の解は

$$e^{2k\pi i/N} = \cos\frac{2k\pi}{N} + i\sin\frac{2k\pi}{N}$$
$$(k = 0, 1, 2, \cdots, N-1)$$

で表される N 個が存在する．このうち k と N とが互いに素であれば，$\dfrac{2k\pi}{N}$ は N 倍して初めて 2π の整数倍となり，式の値は 1 になる．これを 1 の原始 N 乗根という．その数は $\varphi(n)$ をオイラー関数とすれば $\varphi(N)$ 個ある．

168　　　　　第 12 章　ディリクレ指標と L 関数

　複素平面上で 1 の N 乗根を表す点は原点を中心とする半径 1 の単位円の上にあって，正 N 角形の頂点をなしている．そして頂点のひとつは実軸上の点 1 である．

　ここでオイラー関数について補足する．

　自然数 $1, 2, \cdots, n$ のうち n と互いに素となる自然数の個数をオイラー関数（Euler's totient function）といい $\varphi(n)$ で表す．例を挙げれば

$$\varphi(3) = 2, \quad (x = 1, 2)$$
$$\varphi(5) = 4, \quad (x = 1, 2, 3, 4)$$
$$\varphi(10) = 4, \quad (x = 1, 3, 7, 9)$$

などとなる．また n が素数 p であれば明らかに

$$\varphi(p) = p - 1$$

である．

　以降では，mod7 のディリクレ指標をもとに話を進める．

　mod7 のディリクレ指標は $\chi_0, \chi_1, \cdots, \chi_5$ の 6 種類あり，いずれも 0 または，1 の 6 乗根からなる．これらの mod7 の指標は，別表のようにまとめられる．

　1 の 6 乗根は 6 個あるが，それらは ω を

$$\omega = e^{2\pi i/6} = \cos \frac{2\pi}{6} + i \sin \frac{2\pi}{6}$$

とすれば

$$1, \omega, \omega^2, \omega^3, (= -1), \omega^4 (= -\omega), \omega^5 (= -\omega^2)$$

となる．このうち ω, ω^5 は，いずれも 1 の原始 6 乗根である．

　ここで，実際に 1 の 6 乗根を求めることにしたい．前述の 1 の N 乗根 $e^{2k\pi i/N}$ に関する式において $N = 6$ とし，順に $k = 0, 1, \cdots, 5$ を代入すれば

$$e^{2 \cdot 0 \cdot \pi i/6} = \cos 0 + i \sin 0 = 1$$
$$e^{2 \cdot 1 \cdot \pi i/6} = \cos \frac{2 \cdot 1\pi}{6} + i \sin \frac{2 \cdot 1\pi}{6} = \omega$$

12.1 ディリクレ指標とは

表 12-1 mod 7 のディリクレ指標

	$n=0$	$n=1$	$n=2$	$n=3$	$n=4$	$n=5$	$n=6$
$\chi_0(n)$	0	1	1	1	1	1	1
$\chi_1(n)$	0	1	ω^2	ω	$-\omega$	$-\omega^2$	-1
$\chi_2(n)$	0	1	$-\omega$	ω^2	ω^2	$-\omega$	1
$\chi_3(n)$	0	1	1	-1	1	-1	-1
$\chi_4(n)$	0	1	ω^2	$-\omega$	$-\omega$	ω^2	1
$\chi_5(n)$	0	1	$-\omega$	$-\omega^2$	ω^2	ω	-1

$$e^{2\cdot 2\cdot \pi i/6} = \cos\frac{2\cdot 2\pi}{6} + i\sin\frac{2\cdot 2\pi}{6} = \left(\cos\frac{2\pi}{6} + i\sin\frac{2\pi}{6}\right)^2 = \omega^2$$

$$e^{2\cdot 3\cdot \pi i/6} = \cos\frac{2\cdot 3\pi}{6} + i\sin\frac{2\cdot 3\pi}{6} = \omega^3 = \cos\pi + i\sin\pi = -1$$

$$e^{2\cdot 4\cdot \pi i/6} = \cos\frac{2\cdot 4\pi}{6} + i\sin\frac{2\cdot 4\pi}{6} = \omega^4(=-\omega)$$

$$e^{2\cdot 5\cdot \pi i/6} = \cos\frac{2\cdot 5\pi}{6} + i\sin\frac{2\cdot 5\pi}{6} = \omega^5(=-\omega^2)$$

となる. ただし

$$\omega = \frac{1+\sqrt{3}i}{2}, \quad \omega^2 = \frac{-1+\sqrt{3}i}{2}$$

である. ここではド・モアブルの公式

$$(\cos x + i\sin x)^n = \cos nx + i\sin nx$$

を用いている.（n は整数）

mod 7 の指標についても，剰余類の上で定められる.

例えば $\chi_3(n)$ は

$$\chi_3(n) = \begin{cases} 0 & (n \equiv 0 \bmod 7) \\ 1 & (n \equiv 1, 2, 4 \bmod 7) \\ -1 & (n \equiv 3, 5, 6 \bmod 7) \end{cases}$$

で定義される，mod 7 のディリクレ指標である.

また χ_0 は mod 7 の単位指標であり，$(n, 7) \neq 1$（n と 7 が互いに素でない）なら $\chi_0(n) = 0$, $(n, 7) = 1$（n と 7 が互いに素）なら $\chi_0(n) = 1$ となる.

前述の表から，それぞれの指標について以下が成り立つことがわかる．

単位指標である χ_0 について和をとれば

$$\sum_{n=0}^{6} \chi_0(n) = 0 + 1 + 1 + 1 + 1 + 1 + 1 = 6$$

となる．また単位指標ではない $\chi_1(n)$ のすべての指標の和は 0 となる．

$$\sum_{n=0}^{6} \chi_1(n) = 0 + 1 + \omega^2 + \omega - \omega - \omega^2 - 1 = 0$$

同様に $\chi_2, \chi_3, \chi_4, \chi_5$ についても，つぎが成り立つことが確かめられる．

$$\sum_{n=0}^{6} \chi_2(n) = 0, \quad \sum_{n=0}^{6} \chi_3(n) = 0$$
$$\sum_{n=0}^{6} \chi_4(n) = 0, \quad \sum_{n=0}^{6} \chi_5(n) = 0$$

一般的に χ を $\mathrm{mod} N$ のディリクレ指標とするとき，χ が単位指標（$\chi = \chi_0(n)$）であるか否（$\chi \neq \chi_0(n)$）かにより

$$\sum_{n=0}^{N-1} \chi(n) = \begin{cases} \varphi(N), & (\chi = \chi_0) \\ 0, & (\chi \neq \chi_0) \end{cases}$$

が成り立つ．ただし $\varphi(N)$ は自然数 N に対するオイラー関数である．

つぎに各指標に対して

$$\chi_2(n) = \chi_1(n)^2$$
$$\chi_3(n) = \chi_1(n)^3$$
$$\chi_4(n) = \chi_1(n)^4$$
$$\chi_5(n) = \chi_1(n)^5$$
$$\chi_0(n) = \chi_1(n)^6$$

という関係が成り立っている．例えば $n = 2$ とおいた場合

$$\chi_1(2)^6 = (\omega^2)^6 = \omega^{12} = (\omega^6)^2 = 1 = \chi_0(2)$$

となることが確かめられる.

とくに χ_3 について, $\left(\ \right)$ を平方剰余の記号とすれば

$$\chi_3(n) = \left(\frac{n}{7}\right)$$

が成り立つ.

12.2　平方剰余記号と L 関数

前述のように mod7 のディレクレ指標 χ_3 は,平方剰余記号を用いて表された.ここで平方剰余記号について説明をしておきたい.

奇素数 p と整数 a は互いに素とする.p に対して x を未知数とする合同式

$$x^2 \equiv a \bmod p$$

が解をもつとき,a は p の平方剰余(quadratic residue)であるといい,

$$\left(\frac{a}{p}\right) = 1$$

と表す.また解をもたないときには平方非剰余であるといい

$$\left(\frac{a}{p}\right) = -1$$

と表す.a と p が素でないときは

$$\left(\frac{a}{p}\right) = 0$$

と定める.

この左辺の記号 $\left(\ \right)$ は,平方剰余記号またはルジャンドル(Legendre)の記号と呼ばれるものである.なお $\left(\ \right)$ 内は $\bmod p$ を意味している.

例えば素数 7 に対し

$$(\pm 6)^2 \equiv 36 \equiv 1 \bmod 7$$

が成り立つので 1 は 7 の平方剰余で

$$\left(\frac{1}{7}\right) = 1$$

である．また

$$(\pm 3)^2 \equiv 9 \equiv 2 \bmod 7$$

が成り立つので 2 は 7 の平方剰余で

$$\left(\frac{2}{7}\right) = 1$$

である．

つぎに，整数 a, b いずれも p と互いに素であるとき

$$a \equiv b \bmod p$$

なら

$$\left(\frac{a}{p}\right) = \left(\frac{b}{p}\right)$$

である．また

$$\left(\frac{a}{p}\right)\left(\frac{b}{p}\right) = \left(\frac{ab}{p}\right)$$

が成り立つ．つまり平方剰余記号は乗法的である．

平方剰余，平方非剰余の見分け方に関してつぎの定理がある．

定理（オイラーの規準）　p を奇素数とするとき，a と p が互いに素ならば

$$\left(\frac{a}{p}\right) \equiv a^{(p-1)/2} \bmod p$$

が成り立つ．

そしてガウスによる，以下の三つの重要な法則が成り立つ．

p, q を互いに異なる奇素数とすれば

$$\left(\frac{p}{q}\right)\left(\frac{q}{p}\right) = (-1)^{(p-1)/2 \cdot (q-1)/2}$$

である．これを平方剰余の相互法則という．

12.2 平方剰余記号と L 関数 173

p を奇素数とする.このとき,つぎの第一補充法則および第二補充法則が成り立つ.

$$\left(\frac{-1}{p}\right) = (-1)^{(p-1)/2} = \begin{cases} 1 & (p \equiv 1 \bmod 4) \\ -1 & (p \equiv 3 \bmod 4) \end{cases}$$

これを第一補充法則という.

$$\left(\frac{2}{p}\right) = (-1)^{(p^2-1)/8} = \begin{cases} 1 & (p \equiv \pm 1 \bmod 8) \\ -1 & (p \equiv \pm 3 \bmod 8) \end{cases}$$

これを第二補充法則という.

相互法則についてはオイラーとルジャンドルによる貢献があるが,完全な証明はガウスによってなされたもので,彼はいくつかの方法でこれを示した.これらの三つの法則を適用すれば,p と素である a について $\left(\dfrac{a}{p}\right)$ を計算することができる.

ガウス(Gauss)は 1777 年に,ドイツの中央部やや北側にあるブラウンシュヴァイクで生まれた.少年の頃から数学に対する優れた才能を発揮し,とくに数論など純粋数学における研究で知られた.18-19 世紀における天才的な大数学者である.彼の業績は代数学,幾何学,複素関数論など,広い数学の範囲に及ぶものであり,さらには物理学,電磁気学,天文学,測地学など自然科学の多方面にわたるものであった.

ガウスによる業績について,この本で述べることができた例を挙げれば,平方剰余の相互法則,関数 $Li(x)$ など素数定理についての研究,ガウス和,ガウス記号,ガンマ関数に関するガウスの公式,$\dfrac{\pi}{4}$ に関するガウスによる公式(逆正接関数で表される等式)に加え,素因数分解の一意性と合同式などがある.

$\bmod 7$ の χ_3 の話に戻り,$\chi_3(n) = \left(\dfrac{n}{7}\right)$ をもとにして,それぞれの値を求めることにしたい.

まず

$$\chi_3(0) = \left(\frac{0}{7}\right) = 0$$

であり，また前述のとおり

$$\chi_3(1) = \left(\frac{1}{7}\right) = 1$$

$$\chi_3(2) = \left(\frac{2}{7}\right) = 1$$

である．$\chi_3(3)$ については相互法則により

$$\chi_3(3) = \left(\frac{3}{7}\right) = (-1)^{(3-1)/2\cdot(7-1)/2}\left(\frac{7}{3}\right) = -\left(\frac{1}{3}\right) = -1$$

となる．ここで $7 \equiv 1 \bmod 3$ だから $\left(\frac{7}{3}\right) = \left(\frac{1}{3}\right)$ である．$\chi_3(4)$ は

$$\chi_3(4) = \left(\frac{4}{7}\right) = \left(\frac{2}{7}\right)\left(\frac{2}{7}\right) = 1$$

となる．$\chi_3(5)$ については，相互法則と第二補充法則により

$$\chi_3(5) = \left(\frac{5}{7}\right) = (-1)^{(5-1)/2\cdot(7-1)/2}\left(\frac{7}{5}\right)$$
$$= \left(\frac{7}{5}\right) = \left(\frac{2}{5}\right) = (-1)^{(5^2-1)/8} = -1$$

$\chi_3(6)$ は第一補充法則より

$$\chi_3(6) = \left(\frac{6}{7}\right) = \left(\frac{-1}{7}\right) = (-1)^{(7-1)/2} = -1$$

などとなる．以上のようにして，すべての $\chi_3(n)$ について確かめられた．

このように χ_3 は $1, -1, 0$ のいずれかである．またこの χ_3 は乗法的であり，また定められた条件を満たしており mod7 のディリクレ指標である．

mod7 のディリクレ指標による L 関数は 6 種類あり

$$a = \frac{\pi}{7^k(k-1)!}\frac{d^{k-1}}{dz^{k-1}}\cot \pi z \mid_{z=1/7}$$

$$b = \frac{\pi}{7^k(k-1)!}\frac{d^{k-1}}{dz^{k-1}}\cot \pi z \mid_{z=2/7}$$

$$c = \frac{\pi}{7^k(k-1)!} \frac{d^{k-1}}{dz^{k-1}} \cot \pi z \mid_{z=3/7}$$

とすれば，それらはつぎのようになる．なお ω は，前にも述べたように $\omega = \dfrac{1+\sqrt{3}i}{2}$ である．

k が偶数のとき

$$L(k, \chi_0) = -(a+b+c)$$
$$L(k, \chi_2) = -(a-\omega b + \omega^2 c)$$
$$L(k, \chi_4) = -(a+\omega^2 b - \omega c)$$

k が奇数のとき

$$L(k, \chi_1) = a + \omega^2 b + \omega c$$
$$L(k, \chi_3) = a + b - c$$
$$L(k, \chi_5) = a - \omega b - \omega^2 c$$

これらの式は，前の章における mod5 の L 関数の場合と同じ方法により求められる．なお上の $L(k, \chi_3)$ における χ_3 は，平方剰余記号 $\left(\dfrac{n}{7}\right)$ で表された．したがってこの式は，以下のとおり書き改められる．

$$L(k, \chi_3) = \sum_{n=1}^{\infty} \frac{\left(\dfrac{n}{7}\right)}{n^k} = \prod_p \left(1 - \frac{\left(\dfrac{p}{7}\right)}{p^k}\right)^{-1}$$

例えば $k = 3$ とすれば

$$L(3, \chi_3) = \sum_{n=1}^{\infty} \frac{\left(\dfrac{n}{7}\right)}{n^3} = \prod_p \left(1 - \frac{\left(\dfrac{p}{7}\right)}{p^3}\right)^{-1}$$
$$= \frac{\pi}{7^3 \cdot 2!} \left\{ \frac{d^2}{dz^2} \cot \pi z \mid_{z=1/7} + \frac{d^2}{dz^2} \cot \pi z \mid_{z=2/7} \right.$$
$$\left. - \frac{d^2}{dz^2} \cot \pi z \mid_{z=3/7} \right\}$$

となるので，式はさらにつぎのように書き表される．

$$L(3, \chi_3) = \left(1 + \frac{1}{2^3} - \frac{1}{3^3} + \frac{1}{4^3} - \frac{1}{5^3} - \frac{1}{6^3}\right)$$
$$+ \left(\frac{1}{8^3} + \frac{1}{9^3} - \frac{1}{10^3} + \frac{1}{11^3} - \frac{1}{12^3} - \frac{1}{13^3}\right) + \cdots$$
$$= \frac{1}{1 - \dfrac{1}{2^3}} \cdot \frac{1}{1 + \dfrac{1}{3^3}} \cdot \frac{1}{1 + \dfrac{1}{5^3}} \cdot \frac{1}{1 - \dfrac{1}{11^3}} \cdot \frac{1}{1 + \dfrac{1}{13^3}} \cdots$$
$$= \frac{\pi^3}{343}\left(\frac{\cos\dfrac{\pi}{7}}{\sin^3\dfrac{\pi}{7}} + \frac{\cos\dfrac{2\pi}{7}}{\sin^3\dfrac{2\pi}{7}} - \frac{\cos\dfrac{3\pi}{7}}{\sin^3\dfrac{3\pi}{7}}\right)$$

方程式 $x^2 \equiv n \bmod p$ の解の有無により定められた平方剰余が，実はガンマ関数の相補公式から導かれる L 関数という無限級数と関係がある，ということがこの式 $L(3, \chi_3)$ から読み取れる．

平方剰余と L 関数はそれぞれが別個に定められたのであるが，実はこのように互いに結ばれているのである．

12.3　L 関数の値を与える式

これまでの内容をまとめると，一般的に $L(k, \chi)$ の値はつぎのようになる．ここで χ を $\bmod N$ のディリクレ指標とするとき，N が奇数か偶数かの二つの場合に分けて考える．

N が奇数 $(N = 3, 5, 7, 9, \cdots)$ のとき，$\bmod N$ のディリクレの L 関数

$$L(k, \chi) = \sum_{n=1}^{\infty} \frac{\chi(n)}{n^k}$$

の値は以下の式で与えられる．

$$L(k, \chi) = \frac{(-1)^{k-1}\pi}{N^k(k-1)!} \sum_{j=1}^{(N-1)/2} \chi(j) \frac{d^{k-1}}{dz^{k-1}} \cot \pi z \,|_{z=j/N}$$

ここで $k > 1$，ただし χ が単位指標でないときには $k \geq 1$ とする．また k が奇数であれば χ は $\bmod N$ の奇指標とし，k が偶数であれば χ は $\bmod N$ の偶指標とする．すなわち $\chi(-1) = (-1)^k$ であることを前提としている．

12.3 L 関数の値を与える式

この式による $L(k, \chi)$ の値は π^k を含む形で示される.つまり「ある数 ($\sin\dfrac{j\pi}{N}, \cos\dfrac{j\pi}{N}$ などを用いて表される,実数または複素数)$\times\pi^k$」の形で示される.ただしこの「ある数」は,ゼータ関数のときのように有理数とは限らない.

上で掲げた L 関数の一般的な式 $L(k, \chi)$ は,つぎのようにして示される.
合同式

$$a + b \equiv 0 \bmod N$$

が成り立つとき,$\chi(a)$ は奇指標であるか偶指標であるかにより,それぞれ $-\chi(b)$ もしくは $\chi(b)$ に等しい.

$$\chi(a) = \chi(-b) = \chi(-1 \cdot b) = \chi(-1)\chi(b)$$
$$= \begin{cases} -\chi(b) \\ \chi(b) \end{cases}$$

そこで k が奇数か偶数かの二つの場合に分けて,L 関数 $L(k, \chi)$ の値について考えてみたい.

初めに k が奇数の場合を考える.

(11.1) の式

$$\sum_{n=0}^{\infty} \frac{1}{(z+n)^k} - \sum_{n=0}^{\infty} \frac{1}{(1-z+n)^k} = \frac{\pi}{(k-1)!} \frac{d^{k-1}}{dz^{k-1}} \cot \pi z$$

において $z = \dfrac{a}{N}, (a = 1, 2, \cdots, \dfrac{N-1}{2})$ とおけば

$$N^k \left(\sum_{n \equiv a(N)} \frac{1}{n^k} - \sum_{n \equiv N-a(N)} \frac{1}{n^k} \right) = \frac{\pi}{(k-1)!} \frac{d^{k-1}}{dz^{k-1}} \cot \pi z \,|_{z=a/N}$$

となることがわかる.ここにおいて,例えば $\sum_{n \equiv a(N)} \dfrac{1}{n^k}$ については,$n \equiv a \bmod N$ となる自然数 n に対する和を表している.

つぎに χ を $\bmod N$ の奇指標とする.この場合

$$\chi(N-1) = -\chi(1)$$

$$\chi(N-2) = -\chi(2)$$
$$\cdots$$
$$\chi\left(\frac{N+1}{2}\right) = -\chi\left(\frac{N-1}{2}\right)$$

である．そこで (11.1) の式において $z = \dfrac{1}{N}$ とおき，両辺に $\chi(1)$ を掛けると $\chi(N-1) = -\chi(1)$ に注意して以下を得る．

$$N^k\left(\sum_{n\equiv 1(N)} \frac{\chi(1)}{n^k} + \sum_{n\equiv N-1(N)} \frac{\chi(N-1)}{n^k}\right)$$
$$= \frac{\pi}{(k-1)!}\chi(1)\frac{d^{k-1}}{dz^{k-1}}\cot\pi z\,|_{z=1/N}$$

同様に $z = \dfrac{2}{N}, \dfrac{3}{N}, \cdots, \dfrac{N-1}{2N}$ のときにも $\chi(2), \chi(3), \cdots, \chi\left(\dfrac{N-1}{2}\right)$ をそれぞれ掛けることにより，各場合に応じたときの式が得られる．これらの式の辺辺の和をとれば，左辺は

$$N^k\sum_{n\equiv 1(N)}^{N-1} \frac{\chi(n)}{n^k} = N^k\sum_{n\equiv 1(N)}^{N} \frac{\chi(n)}{n^k} = N^k\sum_{n=1}^{\infty} \frac{\chi(n)}{n^k}$$

となるので

$$N^k\sum_{n=1}^{\infty} \frac{\chi(n)}{n^k} = \frac{\pi}{(k-1)!}\sum_{j=1}^{(N-1)/2} \chi(j)\frac{d^{k-1}}{dz^{k-1}}\cot\pi z\,|_{z=j/N}$$

が導かれる．

 k が偶数のときには χ を偶関数とすれば，同じようにして

$$N^k\sum_{n=1}^{\infty} \frac{\chi(n)}{n^k} = \frac{-\pi}{(k-1)!}\sum_{j=1}^{(N-1)/2} \chi(j)\frac{d^{k-1}}{dz^{k-1}}\cot\pi z\,|_{z=j/N}$$

となる．ただしこのとき

$$\chi(N-n) = \chi(n), \quad \left(n = 1, 2, \cdots, \frac{N-1}{2}\right)$$

に注意する．

k が奇数と偶数の二つの場合をまとめれば，この節の最初に掲げた L 関数の式 $L(k,\chi)$ が得られる．

N が偶数（$N = 4, 6, 8, \cdots$）のときには和の取り方が変わり，$L(k,\chi)$ は以下のようになる．ただしこれまでと同様，$\chi(-1) = (-1)^k$ を前提としている．

$$L(k,\chi) = \frac{(-1)^{k-1}\pi}{N^k(k-1)!} \sum_{j=1}^{(N-2)/2} \chi(j)\frac{d^{k-1}}{dz^{k-1}}\cot\pi z\,|_{z=j/N}$$

例えば，χ_3 を

$$\chi_3(n) = \begin{cases} 0 & (n \equiv 0, 2, 4, 6 \bmod 8) \\ 1 & (n \equiv 1, 3 \bmod 8) \\ -1 & (n \equiv 5, 7 \bmod 8) \end{cases}$$

で定義されるディリクレ指標とする．このとき，$L(3,\chi_3)$ はつぎの級数で表される．

$$\left(1 + \frac{1}{3^3} - \frac{1}{5^3} - \frac{1}{7^3}\right) + \left(\frac{1}{9^3} + \frac{1}{11^3} - \frac{1}{13^3} - \frac{1}{15^3}\right) + \cdots = \frac{3\pi^3}{64\sqrt{2}}$$

そして χ_1 を

$$\chi_1(n) = \begin{cases} 0 & (n \equiv 0, 2, 4, 6 \bmod 8) \\ 1 & (n \equiv 1, 5 \bmod 8) \\ -1 & (n \equiv 3, 7 \bmod 8) \end{cases}$$

で定義されるディリクレ指標とする．このとき，$L(3,\chi_1)$ はつぎの級数で表される．

$$\left(1 - \frac{1}{3^3} + \frac{1}{5^3} - \frac{1}{7^3}\right) + \left(\frac{1}{9^3} - \frac{1}{11^3} + \frac{1}{13^3} - \frac{1}{15^3}\right) + \cdots = \frac{\pi^3}{32}$$

mod8 の指標 χ_1 は mod4 の指標 χ と同じであり，この場合 mod4 の指標 χ が原始的指標である．また，この式は第 5 章でも述べたように，オイラー数 E_{2m} による級数 $\nu(3)$ のことである．

第13章

リーマンのゼータ関数

リーマンはゼータ関数 $\zeta(s)$ について，変数 s を複素数の範囲にまで拡大して考察している．それはオイラーの成果をさらに推し進めるとともに，$\zeta(s)$ の零点および素数の分布についても考察するというものであった．

この章の前半においては，リーマンのゼータ関数の関数等式について説明する．また後半では，ゼータ関数の正および負の整数での値を求めることについて説明する．

複素数を扱うことにより，新たに多くのことが分かるようになった．例えば，ゼータ関数の負の整数における値についても意味があり，計算ができるようになったのである．

13.1　ゼータ関数の関数等式

これまで議論してきたゼータ関数 $\zeta(s)$ の変数 s は実数であり，$s > 1$ の場合について考えたのであった．これに対して以降で述べるリーマンのゼータ関数では，変数 s を複素数にまで拡げて扱おうとするものである．複素数の変数 s を $s = \sigma + it$ と書くとき，実部 σ を $\Re s$ で，また虚部 t を $\Im s$ で表す．

リーマン（Riemann）は 1859 年の論文において，s を複素数とするゼータ関数 $\zeta(s)$ について，$\Re s > 1$ のときには絶対収束する正則な関数であり，実数のときと同じようにオイラー積を用いて書き表されること，および $\Re s > 1$ を拡張して複素全平面に解析接続され正則な関数（有理型関数）となる（ただし，極である $s = 1$ を除く），ということを明らかにしている．そして，式

$$\pi^{-s/2}\Gamma\left(\frac{s}{2}\right)\zeta(s)$$

182　　　　　　　　　　第 13 章　リーマンのゼータ関数

において，s を $1-s$ とおき換えても変わらない，つまりゼータ関数 $\zeta(s)$ とガンマ関数 $\Gamma(s)$ による関数等式が成り立つことを示したのであった．

　以下は上の補足説明である．

　$\zeta(s)$ は $\Re s>1$ で絶対収束する関数であるが，複素全平面に解析接続されて（ただし 1 位の極である $s=1$ を除く）$\Re s<1$ の領域でも $\zeta(s)$ が意味をもつことになり，この領域でも $\zeta(s)$ の式変形ならびに演算などができるということになる．つまり，それまでの数直線上における実変数 $s>1$ での扱いを拡げて，（σ,t を変数とする）2 次元の複素平面上における関数として考察をしようとするものである．

　このことは例えば後で述べるように，$\zeta(s)$ の負の整数における値を求めることの根拠となっている．なお $\Re s>1$ のとき $\zeta(s)$ が絶対収束することは，つぎの式から分かる．

$$
|\zeta(s)| \leq \sum_{n=1}^{\infty}\left|\frac{1}{n^{\sigma+it}}\right| = \sum_{n=1}^{\infty}\frac{1}{n^{\sigma}}|e^{-it\log n}|
$$
$$
= \sum_{n=1}^{\infty}\frac{1}{n^{\sigma}}|\cos(t\log n)-i\sin(t\log n)| = \sum_{n=1}^{\infty}\frac{1}{n^{\sigma}}
$$

　リーマンは論文の最初の部分で，ゼータ関数についてつぎの積分が成り立つことを示した．

$$
\Gamma(s)\zeta(s) = \int_0^{\infty}\frac{x^{s-1}}{e^x-1}dx, \quad (\Re s>1)
$$

　この式はつぎのようにして導かれる．

　ガンマ関数 $\Gamma(s)$ についての積分

$$
\Gamma(s) = \int_0^{\infty}e^{-t}t^{s-1}dt
$$

において $t=nx$ とおくと $dt=ndx$ であり

$$
\Gamma(s) = \int_0^{\infty}e^{-nx}(nx)^{s-1}ndx = n^s\int_0^{\infty}e^{-nx}x^{s-1}dx
$$

となる．両辺を n^s で除し

$$\frac{\Gamma(s)}{n^s} = \int_0^\infty e^{-nx} x^{s-1} dx$$

となるので，n について和をとると

$$\sum_{n=1}^\infty \frac{\Gamma(s)}{n^s} = \sum_{n=1}^\infty \int_0^\infty e^{-nx} x^{s-1} dx$$

となる．さらに和と積分の交換により

$$\Gamma(s)\zeta(s) = \int_0^\infty \left(\sum_{n=1}^\infty e^{-nx} \right) x^{s-1} dx$$

となる．ここで和 $\sum_{n=1}^\infty e^{-nx}$ は初項が $\dfrac{1}{e^x}$，公比が $\dfrac{1}{e^x}$ の無限等比級数であり

$$\Gamma(s)\zeta(s) = \int_0^\infty \frac{1}{e^x} \frac{1}{1 - \dfrac{1}{e^x}} x^{s-1} dx = \int_0^\infty \frac{x^{s-1}}{e^x - 1} dx$$

が得られる．

既にこの式はオイラーの文献でも見られたが，リーマンは s を複素数の範囲まで拡げた上で考えたのである．

そしてリーマンは，上のゼータ関数についての積分からさらに考察をすすめ，関数等式

$$\zeta(s) = 2(2\pi)^{s-1} \sin\left(\frac{\pi s}{2}\right)\Gamma(1-s)\zeta(1-s) \tag{13.1}$$

を得るとともに，対称性のある関数等式

$$\pi^{-s/2}\Gamma\left(\frac{s}{2}\right)\zeta(s) = \pi^{-(1-s)/2}\Gamma\left(\frac{1-s}{2}\right)\zeta(1-s) \tag{13.2}$$

を導いたのである．

さらに式 (13.1) において s を $1-s$ とおいたときには

$$\zeta(1-s) = 2(2\pi)^{-s} \cos\left(\frac{\pi s}{2}\right)\Gamma(s)\zeta(s) \tag{13.3}$$

となる．

上の式 (13.2) は，(13.1) の式にガンマ関数の相補公式および 2 倍公式を適用することにより得られる．

実際，ガンマ関数に関する相補公式

$$\Gamma(s)\Gamma(1-s) = \frac{\pi}{\sin(\pi s)}$$

において s を $\dfrac{s}{2}$ とおいた式

$$\sin\left(\frac{\pi s}{2}\right) = \frac{\pi}{\Gamma\left(\dfrac{s}{2}\right)\Gamma\left(1-\dfrac{s}{2}\right)}$$

および，ガンマ関数に関する 2 倍公式

$$\sqrt{\pi}\,\Gamma(2s) = 2^{2s-1}\Gamma(s)\Gamma\left(s+\frac{1}{2}\right)$$

において s を $\dfrac{1-s}{2}$ とおいた式

$$\Gamma(1-s) = 2^{-s}\pi^{-1/2}\Gamma\left(\frac{1-s}{2}\right)\Gamma\left(1-\frac{s}{2}\right)$$

の二つの式を，$\zeta(s)$ に関する式 (13.1) の右辺に代入して整理すれば

$$\zeta(s) = \pi^{s-1/2}\frac{1}{\Gamma\left(\dfrac{s}{2}\right)}\Gamma\left(\frac{1-s}{2}\right)\zeta(1-s)$$

となる．さらに，この式の両辺に $\pi^{-s/2}\Gamma\left(\dfrac{s}{2}\right)$ を乗じれば (13.2) が得られる．この関数等式には対称性があり，s を $1-s$ に置き換えても式は変わらない．

リーマンは上で述べた方法のほかに，やはりガンマ関数をもとにしながら，関数 $\theta(x)$

$$\theta(x) = \sum_{n=1}^{\infty} e^{-n^2 \pi x}$$

を適用して（相補公式など使わないで）関数等式を導いている．すなわち，関数等式の左辺について

$$\pi^{-s/2}\Gamma\left(\frac{s}{2}\right)\zeta(s) = \frac{1}{s(s-1)} + \int_1^\infty \theta(x)(x^{(1-s)/2-1} + x^{s/2-1})dx$$

が成り立つことを示したのである．右辺において s を $1-s$ としても式は変わらないので，左辺についても同じことが言えるのである．

ここではヤコビ（Jacobi）による $\theta(x)$ についての

$$2\theta(x) + 1 = x^{-1/2}\left(2\theta\left(\frac{1}{x}\right) + 1\right)$$

が用いられ，つぎのようにして導かれる．

ガンマ関数

$$\Gamma(s) = \int_0^\infty e^{-t}t^{s-1}dt$$

において s を $\frac{s}{2}$ に，また t を $n^2\pi x$ と置くと $dt = n^2\pi dx$ であり

$$\pi^{-s/2}\Gamma\left(\frac{s}{2}\right)\zeta(s) = \int_0^\infty \left(\sum_{n=1}^\infty e^{-n^2\pi x}\right)x^{s/2-1}dx, \quad (\Re s > 1)$$

が得られる．つぎに右辺を 1 を境に積分区間を分け，ヤコビによる式を適用すると

$$\pi^{-s/2}\Gamma\left(\frac{s}{2}\right)\zeta(s)$$
$$= \int_0^1 \theta(x)x^{s/2-1}dx + \int_1^\infty \theta(x)x^{s/2-1}dx$$
$$= \int_0^1 \frac{1}{2}\left(x^{-1/2}\left(2\theta\left(\frac{1}{x}\right) + 1\right) - 1\right)x^{s/2-1}dx + \int_1^\infty \theta(x)x^{s/2-1}dx$$
$$= \frac{1}{s(s-1)} + \int_0^1 \theta\left(\frac{1}{x}\right)x^{(s-3)/2}dx + \int_1^\infty \theta(x)x^{s/2-1}dx$$

となる．そして $x = \frac{1}{t}$ とすれば $dx = -\frac{dt}{t^2}$ であり，この置換積分によって右辺は

$$= \frac{1}{s(s-1)} + \int_\infty^1 \theta(t)t^{(3-s)/2}\left(-\frac{1}{t^2}\right)dt + \int_1^\infty \theta(x)x^{s/2-1}dx$$

となるので，式を整理すれば最初に掲げた式が導かれる．

186   第 13 章　リーマンのゼータ関数

　リーマン（Riemann）は 1826 年，ドイツの村プレゼレンツに生まれた．
　リーマンはとくに複素関数論などに取組み，将来が期待された数学者で
あったが，残念なことに 39 才の若さで病気のため亡くなっている．1859 年
の「与えられた数より小さい素数の個数について」と題する有名な論文にお
いて，ゼータ関数についてオイラーの成果をさらに進め，ゼータ関数の零点
および素数の分布などについて詳しく調べ，述べている．
　リーマンがゼータ関数の変数 s を複素数としてとらえたことは画期的であ
り，その後の素数，複素数の研究に大きな進歩と影響を与えた．

　ところで関数等式を導く際に，ガンマ関数の相補公式および 2 倍公式が用
いられている．ここでは関数等式 (13.1), (13.2) および (13.3) から，これら
の二つの公式を導く場合についてふれておきたい．
　式 (13.1) から $\sin\left(\dfrac{\pi s}{2}\right)$ は

$$\sin\left(\frac{\pi s}{2}\right) = \frac{2^{-s}\pi^{1-s}\zeta(s)}{\Gamma(1-s)\zeta(1-s)}$$

となり，また式 (13.3) から $\cos\left(\dfrac{\pi s}{2}\right)$ は

$$\cos\left(\frac{\pi s}{2}\right) = \frac{2^{s-1}\pi^{s}\zeta(1-s)}{\Gamma(s)\zeta(s)}$$

と表される．そこで，これらの二つの式を三角関数の 2 倍公式

$$\sin(\pi s) = 2\sin\left(\frac{\pi s}{2}\right)\cos\left(\frac{\pi s}{2}\right)$$

に代入すると，ガンマ関数の相補公式

$$\sin(\pi s) = \frac{\pi}{\Gamma(s)\Gamma(1-s)}$$

が得られる．
　つぎはガンマ関数の 2 倍公式についてである．
　上の相補公式より $\Gamma\left(\dfrac{s}{2}\right)$ は

$$\Gamma\left(\frac{s}{2}\right) = \frac{\pi}{\sin\left(\dfrac{\pi s}{2}\right)\Gamma\left(1-\dfrac{s}{2}\right)}$$

と表されるので，この式と式 (13.1) を（対称性のある）関数等式 (13.2) に代入すると

$$\pi^{1/2}\Gamma(1-s) = 2^{-s}\Gamma\left(1 - \frac{s}{2}\right)\Gamma\left(\frac{1-s}{2}\right)$$

となる．上の式において s を $1-2s$ とおけば

$$\pi^{1/2}\Gamma(2s) = 2^{2s-1}\Gamma(s)\Gamma\left(s + \frac{1}{2}\right)$$

となり，ガンマ関数の 2 倍公式が得られる．

　ここで，複素関数の用語について，簡単に説明をしておきたい．

　複素平面において $f(z)$ が点 z_0 の近傍で微分が可能であるとき，$f(z)$ は z_0 で正則であるという．微分が可能であるとは，極限

$$\lim_{z \to z_0} \frac{f(z) - f(z_0)}{z - z_0}$$

が存在することをいう．このとき z はどの方向から z_0 に近づいても，極限の値は一定になるということであり，これを z_0 における微分係数という．実数の場合では x は数直線において正と負の二方向のみを考えていたのであるが，複素数の場合では平面上での任意の近づき方が前提となっているので，より厳しい条件となっている．関数が正則であれば，計算を進める上においては扱い易いということになる．

　つぎに解析接続についてであるが，これを分かりやすく言えばつぎのようになる．すなわち，ある領域において表示された正則な関数が，拡張された領域においても成り立つことを，この領域への解析接続という．

　ところで，テイラー展開は，極を持たない関数の，ある点を中心とする級数展開というものであった．これを一般化して，正則点とは限らない点 z_0 を中心とする展開が，ローラン展開（Laurent expansion）である．

　$f(z)$ が複素平面の点 z_0 の近傍において

$$f(z) = \frac{a_{-k}}{(z-z_0)^k} + \frac{a_{-k+1}}{(z-z_0)^{k-1}} + \cdots + \frac{a_{-1}}{z-z_0}$$
$$+ a_0 + a_1(z-z_0) + a_2(z-z_0)^2 + \cdots, \quad (k \geq 1)$$

とローラン展開されるとき，z_0 を $f(z)$ の k 位の極という.

またこれとは別に，関数 $f(z)$ について $f(z_0) = 0$ となるのであれば，z_0 は $f(z)$ の零点である.

ゼータ関数 $\zeta(s)$ は $s = 1$ のまわりで

$$\zeta(s) = \frac{1}{s-1} + \gamma + \sum_{m=1}^{\infty} \frac{(-1)^m}{m!} \gamma_m (s-1)^m$$

とローラン展開される．右辺における γ はオイラーの定数であり，また係数 γ_m は，スティルチェス（Stieltjes）によるスティルチェス定数である．この式により，$\zeta(s)$ は $s = 1$ において 1 位の極をもつことがわかる.

スティルチェス定数 γ_m は

$$\gamma_m = \lim_{n \to \infty} \left(\sum_{k=1}^{n} \frac{(\log k)^m}{k} - \frac{(\log n)^{m+1}}{m+1} \right)$$

で定められる数である．ここで $m = 0$ とすれば，γ_0 は

$$\gamma_0 = \lim_{n \to \infty} \left(\sum_{k=1}^{n} \frac{1}{k} - \log n \right)$$

となるが，これはオイラーの定数 γ である.

このスティルチェス定数 γ_m の $m = 0, 1, 2, \cdots$ での値は，順に

$$\gamma_0 = 0.577215 \cdots$$
$$\gamma_1 = -0.072815 \cdots$$
$$\gamma_2 = -0.009690 \cdots$$
$$\gamma_3 = 0.002053 \cdots$$
$$\cdots\cdots$$

である．ただしこのスティルチェス定数についても，まだ良くは分かっていない.

13.2 ゼータ関数の負の整数での値

前に述べた二つの関数等式 (13.1) および (13.2) は，$\zeta(s)$ と $\zeta(1-s)$ の関係を示した式である．この節においては，これらの式をもとにして話を進めていきたい．

ところで，正の偶数でのゼータ関数の値 $\zeta(2m), (m = 1, 2, 3, \cdots)$ はベルヌーイ数で表された．したがって，上の二つの式から負の整数での値が求められることになる．

そこで最初に，負の奇数での値を求めてみよう．

式 (13.1) において s を $2m$ とおけば

$$\zeta(1 - 2m) = 2^{1-2m}\pi^{-2m}\cos(m\pi)\Gamma(2m)\zeta(2m)$$

となる．ここで $\cos(m\pi) = (-1)^m$ および $\Gamma(2m) = (2m-1)!$ であり，また

$$\zeta(2m) = \frac{(-1)^{m-1}(2\pi)^{2m}}{2(2m)!}B_{2m}$$

であることから，これらを上の式に代入して整理すれば，ゼータ関数の負の奇数での値 $\zeta(1-2m)$ は

$$\zeta(1 - 2m) = -\frac{B_{2m}}{2m}$$

で与えられることが分かる．

例えば $m = 2$ のときは $B_4 = -\dfrac{1}{30}$ であるので

$$\zeta(-3) = -\frac{B_4}{4} = \frac{1}{120}$$

となる．また $m = 3$ のときは $B_6 = \dfrac{1}{42}$ であるので

$$\zeta(-5) = -\frac{B_6}{6} = \frac{1}{252}$$

となる．

190   第 13 章　リーマンのゼータ関数

　このようにゼータ関数の負の奇数での値はベルヌーイ数で表され，したがって有理数であることが分かる．

　なお $\zeta(2m)$ を $\cot(\pi z)$ を使い

$$\zeta(2m) = \frac{-\pi}{2(2m-1)! \cdot (2^{2m}-1)} \frac{d^{2m-1}}{dz^{2m-1}} \cot \pi z \mid_{z=1/2}$$

で表した場合には，$\zeta(1-2m)$ は

$$\zeta(1-2m) = \frac{(-1)^{m+1}\pi^{1-2m}}{2^{2m}(2^{2m}-1)} \frac{d^{2m-1}}{dz^{2m-1}} \cot \pi z \mid_{z=1/2}$$

で与えられる．

　例えば $m=1$ の場合では

$$\zeta(-1) = \frac{(-1)^2\pi^{-1}}{2^2(2^2-1)} \cdot (-\pi) \cdot \left(\sin^2 \frac{\pi}{2} \right)^{-1} = -\frac{1}{12}$$

となる．

　つぎは，ゼータ関数の負の偶数での値についてである．

　式 (13.1) において s を $2m+1$ とおけば

$$\zeta(-2m) = 2^{-2m}\pi^{-2m-1} \cos\left(\frac{2m+1}{2}\pi\right) \Gamma(2m+1)\zeta(2m+1)$$

となる．ここで $\cos\left(\dfrac{2m+1}{2}\pi\right) = 0$ であり，右辺の値は 0 になるので

$$\zeta(-2m) = 0$$

となる．

　これにより例えば

$$\zeta(-2) = 0$$
$$\zeta(-4) = 0$$

となる．今述べたように，$s = -2, -4, -6, \cdots$ のとき $\zeta(s) = 0$ となるのであるが，これらを $\zeta(s)$ の自明な零点と呼んでいる．

　ただし，上の $\zeta(-2m)$ の式からは $\zeta(0)$ の値は得られない．

13.2 ゼータ関数の負の整数での値

なお関数等式

$$\zeta(s) = \pi^{s-1/2} \frac{1}{\Gamma\left(\dfrac{s}{2}\right)} \Gamma\left(\frac{1-s}{2}\right) \zeta(1-s)$$

からも，$\zeta(s)$ の正の整数における値をもとに負の整数での値が得られる．

例えばガンマ関数についての式 $\Gamma(s) = \dfrac{\Gamma(s+1)}{s}$ に $s = -\dfrac{1}{2}$ を代入すると

$$\Gamma\left(-\frac{1}{2}\right) = \frac{\Gamma\left(\dfrac{1}{2}\right)}{-\dfrac{1}{2}} = -2\sqrt{\pi}$$

であるので，以下のとおり $\zeta(-1)$ の値を得る．

$$\zeta(-1) = \pi^{-3/2} \frac{1}{\Gamma\left(-\dfrac{1}{2}\right)} \Gamma(1)\zeta(2) = \pi^{-3/2} \frac{1}{-2\sqrt{\pi}} \cdot 1 \cdot \frac{\pi^2}{6} = -\frac{1}{12}$$

ゼータ関数の負の整数での値は，留数を計算するという複素積分を用いた方法によって求められる．詳しく述べることはしないが，ここでは新たなベルヌーイ数 $\mathcal{B}_{N-n}^{(N)}$ を用いたときの $\zeta(n)$ の式を書いておくことにしたい．

0 または負の整数 n におけるゼータ関数の値 $\zeta(n)$ は，新たなベルヌーイ数 $\mathcal{B}_{N-n}^{(N)}$ を用いて

$$\zeta(n) = \frac{(-1)^n \mathcal{B}_{N-n}^{(N)}}{(N-n)(N-1-n)\cdots(1-n)} \tag{13.4}$$

と表される．

例えば，$\mathcal{B}_m^{(2)}$ を用いたときの $\zeta(0)$ の値は，N, n をそれぞれ $N = 2$, $n = 0$ とすれば $\mathcal{B}_2^{(2)} = -1$ なので

$$\zeta(0) = \frac{(-1)^0}{2 \cdot 1} \cdot (-1) = -\frac{1}{2}$$

となる．また $\zeta(-1)$ の値は $N = 4, n = -1$ としたとき，$\mathcal{B}_5^{(4)} = 10$ であるので

$$\zeta(-1) = \frac{(-1)^{-1}}{5 \cdot 4 \cdot 3 \cdot 2} \cdot 10 = -\frac{1}{12}$$

となる．同じようにして

$$\zeta(-2) = 0$$

$$\zeta(-3) = \frac{1}{120}$$

などを得る．

$\zeta(n)$ の式に戻り，$N = 1$ とおいた場合には

$$\zeta(n) = \frac{(-1)^n \mathcal{B}_{1-n}^{(1)}}{1-n}, \quad (n \le 0)$$

となる．ここで $1 - n = m$ に置き換えれば，$\mathcal{B}_{1-n}^{(1)} = \mathcal{B}_m^{(1)} = B_m$ なので

$$\zeta(1-m) = \frac{(-1)^{1-m} B_m}{m}, \quad (m \ge 1)$$

$$= \begin{cases} -\dfrac{B_m}{m}, & (m \ge 2) \\[2mm] \dfrac{B_1}{1}\Big(= -\dfrac{1}{2}\Big), & (m = 1) \end{cases}$$

となり，前に述べた式が得られる．

第 4 章で述べたように，新たなベルヌーイ数を用いたとき，ゼータ関数の正の偶数での値 $\zeta(2m)$ は以下の式で表される．

$$\zeta(2m) = \frac{(-1)^{m-1}(2\pi)^{2m}}{2(N-1+2m)!} \mathcal{B}_{N-1+2m}^{(N)}$$

この式は，上で挙げた負の整数での値についての式から導かれる．そのためには，前述の関数等式 (13.3)

$$\zeta(1-s) = 2^{1-s}\pi^{-s}\cos\Big(\frac{\pi s}{2}\Big)\Gamma(s)\zeta(s)$$

を用いる．

この式で s を $2m$ とおくと，$\zeta(2m)$ についての式

$$\zeta(2m) = 2^{2m-1}\pi^{2m}\frac{\zeta(1-2m)}{\Gamma(2m)\cos\left(\dfrac{2m\pi}{2}\right)}$$

$$= 2^{2m-1}\pi^{2m}\frac{\zeta(1-2m)}{(2m-1)!(-1)^m}$$

が導かれる．つぎに前掲の (13.4) の式において n を $1-2m$ とすれば

$$\zeta(1-2m) = \frac{(-1)^{1-2m}\mathcal{B}_{N-1+2m}^{(N)}}{(N-1+2m)(N-2+2m)\cdots(2m)}$$

となり，$\zeta(1-2m)$ は $\mathcal{B}_{N-1+2m}^{(N)}$ で表される．

これを上の $\zeta(2m)$ の式に代入すれば，新たなベルヌーイ数を用いて $\zeta(2m)$ を表す式が導かれるのである．

なお，この式の実際の適用例については第 4 章を参照願いたい．

13.3　リーマン予想とは

リーマン予想とは $\zeta(s)$ の零点の分布，つまり $\zeta(s)=0$ となるときの変数 $s=\sigma+it$ に関しての問題である．そこで前に得られた関数等式

$$\zeta(s) = \pi^{s-1/2}\frac{1}{\Gamma\left(\dfrac{s}{2}\right)}\Gamma\left(\frac{1-s}{2}\right)\zeta(1-s)$$

をもとにして，$\zeta(s)$ の零点について考えてみたい．ここでは，$\Re s<0$，$\Re s>1$，$0\leq\Re s\leq1$ の三つの領域に分けて考える．

最初に $\Re s<0$ のときにはつぎのとおり．

ガンマ関数には零点は存在しないのであるから，式の右辺の項のうち $\Gamma\left(\dfrac{1-s}{2}\right)\neq0$ である．また変数 s の実部が 1 より大きいときゼータ関数 $\zeta(s)$ は絶対収束するが，この場合にはオイラー積で表され $\zeta(s)$ は零点をもたない．そしていま $\Re(1-s)>1$ なので，$\zeta(1-s)$ は零点をもたないのである．

つぎに，$\dfrac{s}{2}=0,-1,-2,\cdots$ のとき上の式の項のうち $\dfrac{1}{\Gamma(s/2)}$ は零点をもつので，このとき左辺の $\zeta(s)$ は零点となる可能性がある．実際，このなか

で $s = -2, -4, -6, \cdots$ は $\zeta(s)$ の自明な零点であることに対応している. ただし $s = 0$ は既に見たように $\zeta(s)$ の零点にはならない.

また上で述べたように, $\Re s > 1$ の領域では $\zeta(s)$ は零点をもたない.

問題は, 余すところの領域 $0 \leq \Re s \leq 1$ (後述するように, その後領域は $0 < \Re s < 1$ に改良されている.) における零点についてである.

結論を先に言えば, この領域における $\zeta(s)$ の零点については多くの事実が判明してはいるが, 現時点では明確には示されていないのである. 前述の自明な零点に対して, $0 < \Re s < 1$ 内の零点を非自明な零点と呼んでいる.

この領域の零点についてリーマンは $s = \frac{1}{2} + it$, すなわち $\Re s = \frac{1}{2}$ の線上にのみ存在することを予想している. これをリーマン予想またはリーマン仮説 (Riemann hypothesis) と言う. リーマン自身は 1859 年の論文のなかで, 「勿論これについては厳密な証明が望まれるが, 私の証明への試みは無駄に終わり, またこの問題の解決が当面の研究の目的のためには必要ではないと思われたため, 一時的に横に留め置くことにした.」と述べている.

グラム (Gram) は 1903 年に零点を求めるための近似計算を行い, 見出した 15 すべての零点の実部が $\Re s = \frac{1}{2}$ の上にあることを確認している. そのなかで虚部 t の絶対値が小さい零点は

$$\frac{1}{2} \pm i14.134725 \cdots$$
$$\frac{1}{2} \pm i21.022039 \cdots$$
$$\frac{1}{2} \pm i25.010857 \cdots$$

などとなっている. またハーディ (Hardy) は 1914 年に, $\Re s = \frac{1}{2}$ の上には無限個の零点が存在する, という結果を得ている.

コンピューターによる計算技術の発展もあり, このように $\Re s = \frac{1}{2}$ の上において確認された零点の数は次第に増えるようになり, リーマン予想を確認するような事実がつぎつぎと示されるようになった. しかしながら, 多くの研究者の努力にもかかわらず, 非自明な零点はすべてが $\Re s = \frac{1}{2}$ の上にあるというリーマンの発表から 160 年近くになる今日でも, この証明には至って

いないし，これに反した例も見出されてはいない．このリーマン予想は，未解決として残されている大きな問題のなかの一つとなっている．

第14章

素数の分布

素数は無限にある．これについては，既に古代ギリシアの数学者ユークリッドによって示されている．

素数の個数に関しては素数定理があるが，この定理によれば，x が十分に大きいとき x 以下の素数の個数はシンプルな式 $\dfrac{x}{\log x}$ で近似して表される．多くの数学者がこの問題に取り組み研究が進められた結果，19 世紀の終わりになってこの定理は証明された．

素数はばらばらに在るように思われる．素数の並びを見ていても，何らかの秩序らしきものがあるようには思われない．しかし素数定理によれば，素数の分布は実はネイピアの数を底とする自然対数と関係がある，ということが分かるのである．

14.1 素数定理について

素数とは，1 とその数自体を除くと他には約数をもたない自然数で，例えば 100 未満の素数は，つぎのようになっている．

$$2, 3, 5, 7, 11, 13, 17, 19, 23, 29, 31, 37, 41$$
$$43, 47, 53, 59, 61, 67, 71, 73, 79, 83, 89, 97$$

素数については以下の定理が知られている．

定理（素数の無限性）　　素数は無限に存在する．

定理（素因数分解の一意性）　　自然数は順序を除けば一通りの方法で，素数の積の形で表される．たとえば自然数 N は $p_1, p_2, p_3, \cdots$ を異なる素数，$n_1, n_2, n_3, \cdots$ を自然数として

$$N = p_1^{n_1} p_2^{n_2} p_3^{n_3} \cdots$$

の形に表される. 素数の順序を問わなければ, N を表す方法はただ一通り
である.

このうち定理（素数の無限性）の証明についてオイラーはつぎのように考
え, これを示した.

ゼータ関数

$$\sum_{n=1}^{\infty} \frac{1}{n^s} = \prod_{p} \frac{1}{1 - p^{-s}}, \quad (s > 1)$$

において, s を 1 に近づけたとき左辺は s のとり方により任意の大きな値と
することができる. 素数が有限個 $(p_1, p_2, \cdots, p_m)$ と仮定すると右辺は有限
の値 $\Pi_{p=p_1}^{p_m} \frac{1}{1 - p^{-1}}$ に近づくが, この値より大きくなることは無い. この矛
盾は, 素数を有限個とした仮定が正しくなかったことによるものである.

実数 x に対して x 以下（ただし $x \geq 2$）である素数の個数を $\pi(x)$ で表す.
例えば, 前述のリストからわかるように

$$\pi(10) = 4, \quad \pi(50) = 15, \quad \pi(100) = 25$$

などとなる. 大きな x に対し, $\pi(x)$ はどのように表されるのであろうか.
これを示すものが素数定理である.

素数定理　　$\pi(x)$ については近似式

$$\pi(x) \sim \frac{x}{\log x}$$

で表すことができ, これを素数定理（prime number theorem）という. 記
号 $\sim$ は $x \to \infty$ のとき $\dfrac{\pi(x)}{x/\log x} \to 1$ であることを示す.

この素数定理によれば, 十分に大きな x に対して, $\pi(x)$ の値はおおよそ
$\dfrac{x}{\log x}$ で近似されるということになる.

例えば $x = 10^6$ のときには $\pi(x) = 78498$ であるのに対して, $\dfrac{x}{\log x}$ の値
は 72382 となっている.

素数定理について歴史的に少し見てみよう.

14.1 素数定理について

すでに 18 世紀末にガウス（Gauss）およびルジャンドル（Legendre）が
それぞれ素数の個数についての考察をおこない，その近似式を考えていた．

ガウスは素数の分布について地道に調べて研究を重ね，その結果 1791 年
頃に素数の個数を積分で表し

$$Li(x) = \int_2^x \frac{dt}{\log t}$$

が $\pi(x)$ に近似することから

$$\pi(x) \sim Li(x)$$

となることを予想し，その妥当性についての考察をしている．

例えば $x = 10^6$ のとき，$\pi(x) = 78498$ に対して $Li(x)$ の値は 78628 で
あり，また $x = 10^7$ のときには，$\pi(x) = 664579$ に対して $Li(x)$ の値は
664918 となっている．

なお $\pi(x)$ と $Li(x)$ との関係については，例でも見られるのであるが

$$\pi(x) < Li(x)$$

と思われ，このように予想されていた．例えばガウス自身は，$x \leq 10^5$ のと
きにはこの不等式が成り立つ，ということを実際に確かめている．ところが
時を経た 1914 年になって，リトルウッド（Littlewood）は x を大きくする
と $\pi(x) - Li(x)$ の符号は無限回変わるということを証明したのである．と
はいっても $\pi(x) > Li(x)$ となるときの最も小さい x の値については，今の
ところは分かってはいない．

ところで

$$\int_2^x \frac{dt}{\log t} = \int_0^x \frac{dt}{\log t} - \int_0^2 \frac{dt}{\log t} = \int_0^x \frac{dt}{\log t} - 1.04 \cdots$$

であり，x が大きい場合には $\displaystyle\int_2^x \frac{dt}{\log t}$ と $\displaystyle\int_0^x \frac{dt}{\log t}$ の差は小さいので

$$li(x) = \int_0^x \frac{dt}{\log t}$$

をもとにして考えることにする。この $li(x)$ は、つぎのようにして繰り返し部分積分される。

$$
\begin{aligned}
li(x) &= \int_0^x \frac{dt}{\log t} = \frac{x}{\log x} + \int_0^x \frac{dt}{(\log t)^2} \\
&= \frac{x}{\log x} + \frac{x}{(\log x)^2} + 2\int_0^x \frac{dt}{(\log t)^3} \\
&= \frac{x}{\log x} + \frac{x}{(\log x)^2} + \frac{2x}{(\log x)^3} + 3\int_0^x \frac{dt}{(\log t)^4}
\end{aligned}
$$

x は大きいので、右辺は第 1 項である $\dfrac{x}{\log x}$ が主要な項となる。実際この $li(x)$ の最後の式について、右辺とこの第 1 項との比をとり $x \to \infty$ とすると第 2 項以降の項 $\to 0$ であり、$li(x)$ と $\dfrac{x}{\log x}$ の比は限りなく 1 に近づくことがわかる。

表 14-1　素数の個数、$\pi(x)$ との比較

x	$\pi(x)$	$x/\log x$	$Li(x)$	$x/(\log x - 1)$
10000	1229	1086	1246	1217
100000	9529	8686	9630	9512
1000000	78498	72382	78628	78030
10000000	664579	620420	664918	661458
100000000	5761455	5428681	5762209	5740303

これとは別に、ルジャンドルは 1798 年に $\pi(x)$ の近似式として

$$
\frac{x}{\log x - A(x)}
$$

を予想している。$A(x)$ についてルジャンドル自身は $A(x) = 1.08366\cdots$ であると考えていた。

その後リーマンは素数の個数についての研究のなかで、明示公式

$$
\begin{aligned}
\sum_{m=1}^{\infty} \frac{1}{m}\pi(x^{1/m}) = &\ Li(x) - \sum_{\rho} Li(x^{\rho}) \\
&+ \int_x^{\infty} \frac{dt}{t(t^2-1)\log t} - \log 2
\end{aligned}
$$

を示している．ここで和 $\sum_\rho$ はゼータ関数 $\zeta(s)$ のすべての非自明な零点 ρ をわたる．この公式によれば，素数の分布はゼータ関数の非自明な零点の分布と関係があるということになる．そしてリーマンはこの公式から $\pi(x)$ の近似式

$$Li(x) - \frac{1}{2}Li(x^{1/2}) - \frac{1}{3}Li(x^{1/3}) - \frac{1}{5}Li(x^{1/5}) + \frac{1}{6}Li(x^{1/6}) - \cdots$$

を導いた．「与えられた数より小さい素数の個数について」（1859 年）と題する論文にも見られるように，リーマンの研究はその後の素数についての研究を加速させるものとなった．

そして素数定理の証明は，ガウスによる予想から 100 年以上を経た 1896 年になって，フランスのアダマール（Hadamard）とベルギーのド・ラ・ヴァレ・プサン（de la Vallée Poussin）によってそれぞれ別個になされたのである．証明に際しては複素関数であるゼータ関数に関し，任意の実数 t に対し $\zeta(1 + it) \neq 0$ となること，すなわち $\zeta(s)$ に関して直線 $\Re s = 1$ の上には零点が存在しないということがポイントとなった．

つぎに素数定理の右辺 $\dfrac{x}{\log x}$ をもとに，分母から 1 を引いた式

$$\frac{x}{\log x - 1}$$

が知られている．この式は，ルジャンドルが予想した式において $A(x) = 1$ としたものであるが，もとの式を簡素化しただけではなく，素数定理と比較して，より実態にあった式で，ドラ・ヴァレ・プサンによるものである．

例えば $x = 10^6$ のときの $\pi(x) = 78498$ に対して，$\dfrac{x}{\log x - 1}$ の値は 78030 となる．

素数はばらばらに存在しているように思われる．しかしこのように見てくると，素数の個数について言えば，それらは実は簡単な近似式で書き表される，ということがわかってきたのである．

なお別表は，これまでの三つの式による値をまとめたものである．

14.2 $k \bmod n$ となる素数の個数

2, 5 を除けば，素数の 1 の位は 1, 3, 7 または 9 のいずれかである．そこで 1 の位の数によって素数を 4 種類のグループに分けたとき，それぞれの素数の個数について調べてみる．実際に，200 以下の素数を四つのグループに分けて書けば以下のようになり，それぞれの個数は 10, 12, 12, 10 となっている．

$$\{ \quad 11, 31, 41, 61, 71, 101, 131, 151, 181, 191, \cdots \quad \}$$
$$\{ \quad 3, 13, 23, 43, 53, 73, 83, 103, 113, 163, 173, 193, \cdots \quad \}$$
$$\{ \quad 7, 17, 37, 47, 67, 97, 107, 127, 137, 157, 167, 197, \cdots \quad \}$$
$$\{ \quad 19, 29, 59, 79, 89, 109, 139, 149, 179, 199, \cdots \quad \}$$

別に掲げる表は 1000000 以下の場合について，4 種類のグループの素数の個数を調べたものである．（合計欄の個数には，素数 2, 5 を数に含む．）この表によれば，各グループの素数の個数は，ほぼ同数であるということが読み取れる．

これにより，x 以下の，1 の位が 1, 3, 7 または 9 である素数の個数は，素数定理からいずれも

$$\frac{x}{4 \log x}$$

の式で近似され，また素数の数は無限であるので，これらの 4 種類の素数の個数も無限であることが予想される．

表 14-2 4 種類の素数の個数

x	1	3	7	9	合計
5000	163	172	169	163	669
10000	306	310	308	303	1229
50000	1274	1290	1288	1279	5133
100000	2387	2402	2411	2390	9592
1000000	19617	19665	19621	19593	78498

14.2 $k \bmod n$ となる素数の個数 203

ここで，ディリクレとド・ラ・ヴァレ・プサンによる業績についてふれておきたい.

初項が k，公差が n（ただし k, n は互いに素である自然数とする）の等差数列には無限個の素数が存在する．これはディリクレが 1837 年に証明したもので，ディリクレの算術級数定理（theorem on arithmetic progressions）と呼ばれている．例えば $n = 10$, $k = 1, 3, 7, 9$ の場合には，この定理により 1 の位が $1, 3, 7$ または 9 の素数の個数はいずれも無限である，ということである.

この等差数列に含まれ，x 以下である素数の個数を $\pi_{n,k}(x)$ で表す．ここで $x \to \infty$ とするとき $\pi_{n,k}(x)$ は k に依らず n に依存し $\pi(x)$ の $\dfrac{1}{\varphi(n)}$ 倍に近似することが知られている．式ではつぎのように表される.

$$\pi_{n,k}(x) \sim \frac{1}{\varphi(n)} \frac{x}{\log x}$$

ここで自然数 $1, 2, \cdots, n$ のうち n と互いに素となる自然数の個数をオイラー関数といい，$\varphi(n)$ で表す．式からわかることは，左辺には k が含まれるが，右辺には k が含まれていないことである.

この問題に取組んだディリクレは，素数定理が正しければ素数 $p \equiv k \bmod n$ は k に依らず均等に分布していることを示した．ディリクレが活躍した 19 世紀の前半は，素数定理が未だ証明されてなかったのである．そして 1896 年になり，ド・ラ・ヴァレ・プサンは上で挙げた $\pi_{n,k}(x)$ についての式が成り立つことを証明した．この 1896 年は素数定理が証明された年である.

例えば $n = 10, k = 3$ の場合には $\varphi(10) = 4$ であるから

$$\pi_{10,3}(x) \sim \frac{1}{4} \frac{x}{\log x}$$

である．もちろん $\pi_{10,1}(x)$，$\pi_{10,7}(x)$，$\pi_{10,9}(x)$ についても同様な式が成り立つ.

ディリクレ（Dirichlet）は 1805 年生まれのドイツの大数学者である.

ディリクレの業績のなかで，良く知られている事項のひとつに，等差数列に含まれる素数は無限にある，という算術級数定理を証明したことが挙げられる．このなかでは解析的な方法が用いられ，すなわち，今日でいうディリクレ指標が使われ，そしてディリクレの L 級数が初めて導入された．

また L 関数と関係のある 2 次体の類数公式やフーリエ級数の研究など，ディリクレは数学の広い範囲にわたり業績を残している．

そして彼は 1859 年に，病のために 50 余年の生涯を終えたのである．

14.3 素数の分布を考える

この節では，素数の分布について考えることにする．すなわち，ある素数とつぎの素数との間隔がどの様に変化するのかを素数定理から読み取り，素数の分布，または素数の密度の変化の様子を調べることにしたい．

素数定理により，正の数 x 以下の自然数全体に占める素数の個数の割合は

$$\frac{x}{\log x} \cdot \frac{1}{x} = \frac{1}{\log x}$$

で近似される．この式は x が大きくなるにつれて，素数が分布する割合，つまり素数の密度は小さくなることを示している．

つぎに

$$\frac{1}{\log x - 1}$$

は素数定理をもとにした式であるが，やはり素数の個数の割合を表している．この逆数をとった

$$\log x - 1$$

は x 以下の範囲において，ある素数から平均的にみて次の素数が，おおよそ何番目の数に該当するのかを表す式といえる．ただしこれは，あくまでも素数定理をもとにした平均的な数であり，実際にはかなりばらつきがあることに注意しなければならない．例えば 9547 の次の素数は 4 を加えた 9551 であるが，続く素数は 36 を加えた 9587 である．

素数の分布を調べるために別に掲げる表を用いる．

14.3 素数の分布を考える　　　205

　表は隣接する 2 個の素数の間隔（つぎの素数は何番目の数に該当するのか）およびその差（二つの間隔の差）などを表したものである.

表 14-3　素数の分布

x	$\pi(x)$	$x/\pi(x)$	間隔の比	間隔の差	$\log x - 1$
1000	168	5.952...	1.488...	1.952...	5.907...
10000	1229	8.136...	1.366...	2.184...	8.210...
100000	9592	10.425...	1.281...	2.288...	10.512...
1000000	78498	12.739...	1.221...	2.313...	12.815...
10000000	664579	15.047...	1.181...	2.308...	15.118...
100000000	5761455	17.356...	1.153...	2.309...	17.420...
1000000000	50847534	19.666...	1.133...	2.309...	19.723...
10000000000	455052511	21.975...	1.117...	2.308...	22.025...

　表によれば，例えば 10^7 までの平均的な素数の間隔は，$10^7 \div \pi(10^7) = 15.047\cdots$ となっている. また 10^7 までにおける間隔と 10^6 までにおける間隔の比は

$$\frac{15.047\cdots}{12.739\cdots} = 1.181\cdots$$

となっている. この間隔の比は，x が大きくなると次第に 1 に近づくようである.

　そして 10^7 までの間隔と 10^6 までの間隔の差は

$$(15.047\cdots) - (12.739\cdots) = 2.308\cdots$$

となっている.

　$\log x - 1$ が素数の平均的な間隔 $\dfrac{x}{\pi(x)}$ に近似していることは，素数定理の意味するところであるが，表からも確かめられる. 例えば $x = 10^8$ の場合では，$\dfrac{x}{\pi(x)} = 17.356\cdots$ に対して，$\log x - 1 = 17.420\cdots$ となっている. 他の例を見ても，同じような傾向であることが分かる. すなわち，$x = 10^y$ 以下における二つの素数の平均的な間隔の近似値 d は，$\log 10$ を 2.30 とすれば

$$d = \log x - 1 = \log 10^y - 1 = y \log 10 - 1 = 2.30y - 1$$

で表される．なお実際には $\log 10 = 2.30258\cdots$ である．

x が大きくなると間隔は拡がり，素数の密度は小さくなることが表からもわかる．その程度は x が 10 倍になる毎に（1 桁増すごとに），間隔は平均的に概ね $2.30\cdots$ ずつ拡がるということが読み取れる．

これまでは x 以下の隣接する二つの素数の間隔について述べてきたが，これは少し大ざっぱな議論である．そこで以降においては，ある範囲のなかに存在する，二つの素数の間隔について調べることにしたい．

二つの正の数 $x_1, x_2(x_1 < x_2)$ の間における，素数の自然数に対する個数の割合は

$$\frac{1}{x_2 - x_1}\left(\frac{x_2}{\log x_2 - 1} - \frac{x_1}{\log x_1 - 1}\right)$$
$$= \frac{1}{x_2 - x_1}\frac{x_2(\log x_1 - 1) - x_1(\log x_2 - 1)}{(\log x_2 - 1)(\log x_1 - 1)}$$

である．この式の逆数を $f(x_1, x_2)$ とすれば

$$f(x_1, x_2) = (x_2 - x_1)\frac{(\log x_2 - 1)(\log x_1 - 1)}{x_2(\log x_1 - 1) - x_1(\log x_2 - 1)}$$

は，x_1 と x_2 の間にある，隣接する二つの素数の平均的な間隔を表す式である．

例えば $x_1 = 10^6$，$x_2 = 10^7$ の場合，これらの数を上の式に代入すれば

$$f(10^6, 10^7) = 15.426\cdots$$

となり，10^6 と 10^7 の間に在る隣接する二つの素数の平均的な間隔が求められる．（今の数値はあくまで計算上のもので，実際には $15.356\cdots$ である．）つまりこの区間では，平均的には 15 または 16 個の自然数のうちの 1 個が素数であるということを言っている．もう一つの例として $x_1 = 10^7$，$x_2 = 10^8$ とすれば

$$f(10^7, 10^8) = 17.720\cdots$$

となり，10^7 と 10^8 の間の二つの素数の平均的な間隔が求められる．（同じように，実際には $17.657\cdots$ である．）

14.3 素数の分布を考える　207

今わかったことは，区間 $[10^7, 10^8]$ では区間 $[10^6, 10^7]$ に比較して素数とつぎの素数の間隔は平均的に

$$f(10^7, 10^8) - f(10^6, 10^7) = (17.720\cdots) - (15.426\cdots) = 2.294\cdots$$

だけ拡大している，すなわち素数の密度が薄くなっている，ということである．（同じく，実際には $2.301\cdots$ である．）同様にして

$$f(10^8, 10^9) - f(10^7, 10^8) = 2.296\cdots$$
$$f(10^9, 10^{10}) - f(10^8, 10^9) = 2.298\cdots$$

となって，素数の間隔の拡大を示す値が得られる．（実際には，それぞれ $2.303\cdots, 2.304\cdots$ である．）いずれにしても $\log 10 = 2.302\cdots$ に近い値である．

つぎに素数の間隔について，素数定理をもとに一般論として議論する．

二つの正の数 x と $ax(a > 1)$ の間に在る，二つの隣接する素数について考えてみる．この二つの素数の平均的な間隔を表す式 $f_1(a, x)$ は

$$f_1(a, x) = (ax - x)\frac{(\log(ax) - 1)(\log x - 1)}{ax(\log x - 1) - x(\log(ax) - 1)}$$

である．同様に，二つの正の数 ax と $a^2 x$ の間に在る二つの素数の平均的な間隔を表す式 $f_2(a, x)$ は

$$f_2(a, x) = (a^2 x - ax)\frac{(\log(a^2 x) - 1)(\log(ax) - 1)}{a^2 x(\log(ax) - 1) - ax(\log(a^2 x) - 1)}$$

となる．

この二つの式の差はつぎのようになる．

$$f_2(a, x) - f_1(a, x) = \frac{(a - 1)^2 \log a(\log x)^2 + c_1 \log x + c_2}{(a - 1)^2(\log x)^2 + c_3 \log x + c_4}$$

ただし，c_1, c_2, c_3, c_4 は係数である．

ここで a を固定し，$f_1(a, x), f_2(a, x)$ をそれぞれ $f_1(x), f_2(x)$ と読み替えたうえで，$f_2(x) - f_1(x)$ に対して $x \to \infty$ とすれば

$$\lim_{x \to \infty} \{f_2(x) - f_1(x)\} = \log a$$

となる，すなわち極限値は $\log a$ となることが分かる．

また $\dfrac{f_2(x)}{f_1(x)}$ に対し $x \to \infty$ とすれば

$$\lim_{x \to \infty} \frac{f_2(x)}{f_1(x)} = 1$$

となり，極限値は 1 であることが確かめられる．

なおここまでは，素数定理をもとに分母から 1 を引いた式 $\dfrac{x}{\log x - 1}$ を基準にして考えてきたのであった．しかしながら，最初から素数定理の式 $\dfrac{x}{\log x}$ を基にして計算した場合でも，上で得られた二つの極限値は変わらないことが確かめられる．

　自然数の列 $1, 2, 3, 4, \cdots$ について考える．そして順次この自然数の列を区間に分けてゆく（区間 1，区間 2，・・・）のであるが，隣り合う区間は a 倍づつ拡大するように定める．このとき，それぞれの区間に含まれる隣り合う素数の間隔の拡がる様子について，これまで考察してきたのであった．すなわち素数の平均的な間隔は，区間番号がひとつ増えるごとに $\log a$ だけ拡大することになる．$a = 10$ とすれば，だいたい $\log 10$ づつ拡大する．ネイピアの数 e をとり，$a = e$ とすれば $\log e = 1$ だから，おおまかに言って素数の間隔は 1 づつ拡がることになる．

　素数は自然数のなかでは，ばらばらに在るように思われる．しかし素数の並びを遠く離れたところから眺めることができれば，その"ドット・マップ"から，ネイピアの数を底とする自然対数に関係した素数の配列の様子が浮かび上がってくるかもしれない．

参考文献

荒川恒男・伊吹山知義・金子昌信著,「ベルヌーイ数とゼータ関数」, 牧野書店, 2001 年

Alan Jeffrey 著, 穴田浩一・内田雅克・柳谷 晃訳,「数学公式ハンドブック」, 共立出版, 2011 年

Elias M. Stein, Rami Shakarchi 著, 新井仁之・杉本 充・高木啓行・千原浩之訳,「複素解析 (プリンストン解析学講義)」日本評論社, 2009 年

片山孝次著,「整数論周遊」, 現代数学社, 2000 年

加藤和也・黒川重信・斎藤 毅著,「数論〈1〉Fermat の夢と類対論」, 岩波書店, 2005 年

鹿野 健編著,「リーマン予想」, 日本評論社, 1991 年

木村達雄・竹内光弘・宮本雅彦・森田 純著,「代数の魅力」, 数学書房, 2009 年

Julian Havil 著, 新妻 弘監訳,「オイラーの定数ガンマ─γ で旅する数学の世界」, 共立出版, 2009 年

杉浦光夫著,「解析入門 I (基礎数学 2)」, 東京大学出版会, 1980 年

杉浦光夫著,「解析入門 II (基礎数学 3)」, 東京大学出版会, 1985 年

高木貞治著,「定本 解析概論」, 岩波書店, 2010 年

竹之内脩・伊藤 隆著,「π─π の計算 アルキメデスから現代まで─」, 共立出版, 2007 年

松本耕二著, 中村佳正・野海正俊編集,「リーマンのゼータ関数 (シリーズ: 開かれた数学 1)」, 朝倉書店, 2005 年

山本芳彦著,「数論入門 (現代数学への入門)」, 岩波書店, 2003 年

若原龍彦著,「図と数式で表す黄金比のふしぎ」, プレアデス出版, 2010 年

渡部隆一著,「テイラー展開 (数学ワンポイント双書 9)」, 共立出版, 1977 年

J.J.Y. Liang and John Todd, "The Stieltjes Constants", JORNAL OF RESEACH of the National Bureau of Standards—Mathematical

Sciences Vol.768, Nos.3 and 4, July–December 1972

Pascal Sebah and Xavier Gourdon, "Introduction to the Gamma Function", 2002

Bernhard Riemann, "Ueber die Anzahl der Primzahlen unter einer gegebenen Grösse.", [Monatsberichte der Berliner Akademie, November 1859.]

Transcribed by D.R. Wilkins, Preliminary Version: December 1998

若原龍彦による平成 22 年度岐阜大学卒業論文,「リーマンのゼータ関数の研究について」

若原龍彦による平成 24 年度岐阜大学修士論文,「新たなベルヌーイ数 $\mathcal{B}_m^{(N)}$ に関する考察」

索　引

ア
アダマール, 201
新たなベルヌーイ数, 53, 59

ウ
ヴィエト（Viéte）, 42
ウォリスの公式, 42

エ
L 関数, 155

オ
オイラー, 4, 7, 51, 104
オイラー関数, 167
オイラー数, 63, 75
オイラー積, 7
オイラー多項式, 87
オイラーの規準, 172
オイラーの公式, 43
オイラーの定数, 106, 121, 128, 131, 188
オイラーの和公式, 128, 130
黄金比, 27
オレーム, 3

カ
解析接続, 181, 187
ガウス, 173, 199
ガウスの公式, 105
ガウス和, 162
関数等式, 182, 183
ガンマ関数, 103, 109

キ
奇指標, 166

逆正接関数, 39
極, 188

ク
偶指標, 166
クラウゼン, 55
クラウゼン・フォンシュタウトの定理, 56
グラム, 194
グレゴリーの級数, 39

ケ
原始 N 乗根, 162, 167

コ
コーシー・アダマール, 36
交代級数, 2, 21, 66, 67, 69

シ
自明な零点, 194
収束半径, 36
条件収束, 31
ジョン・ウォリス, 43

ス
スティルチェス, 188
スティルチェス定数, 188
ストラスニッキ, 40

セ
正項級数, 1
正則, 181, 187
関孝和, 49, 80
絶対収束, 8, 31, 181

ソ

素因数分解の一意性, 10, 197
双曲線関数, 140
相補公式, 110, 186
素数定理, 198

タ

第一補充法則, 173
第二補充法則, 173
多重根号, 29
ダランベール, 36
単位指標, 156, 166

チ

調和級数, 3, 23

テ

ディガンマ関数, 106, 109, 115, 144
テイラー展開, 35, 37
ディリクレ, 202, 203
ディリクレ指標, 150, 155, 161, 165
ディリクレの L 関数, 149, 150
ディリクレの算術級数定理, 202

ト

ド・モアブルの公式, 169
ド・ラ・ヴァレ・プサン, 201–203

ニ

二項定理, 166
2 倍公式, 109, 186

ネ

ネイピアの数, 33, 37, 131

ハ

ハーディ, 194

ヒ

非自明な零点, 194

フ

フェルマーの小定理, 167
フォンシュタウト, 55

ヘ

平方剰余記号, 161, 171
平方剰余の相互法則, 172
ベルヌーイ, 49, 80
ベルヌーイ数, 47, 74, 80
ベルヌーイ多項式, 81

マ

マチンの公式, 39

ム

無限積, 8
無限等比級数, 30
無理数, 34

メ

メビウスの関数, 12
メルカトールの級数, 21, 126

モ

もうひとつの数, 67, 76

ヤ

ヤコビ, 185

ユ

有理数, 34, 48

ヨ

余接関数, 137

ラ

ライプニッツの級数, 2, 20, 112

リ

リーマン, 181, 183, 186, 200

リーマン予想, 193
リトルウッド, 199

ル
ルジャンドル, 173, 199

レ
零点, 188

ロ
ローラン展開, 187
ロジェ・アペリ, 101
ロピタルの定理, 142

ワ
ワイヤシュトラスの積表示, 105

●著者略歴

若原 龍彦 （わかはら たつひこ）

1945年　愛知県に生まれる
1969年　東京外国語大学ドイツ語学科卒業
1969年　東京海上火災保険㈱（現在の東京海上日動火災保険㈱）入社
2005年　定年退職
2011年　岐阜大学工学部数理デザイン工学科卒業
2013年　岐阜大学工学研究科数理デザイン工学専攻修了
著書　　『図と数式で表す黄金比の不思議』（プレアデス出版　2010年）
　　　　『正五角形の対角線／一辺の長さ＝黄金比を示す172の証明』
　　　　（創英社／三省堂書店　2011年）

美しい無限級数
ゼータ関数と L 関数をめぐる数学

2017年11月1日　第1版第1刷発行

著　者　若原　龍彦

発行者　麻畑　仁

発行所　㈲プレアデス出版
〒399-8301　長野県安曇野市穂高有明7345-187
TEL 0263-31-5023　FAX 0263-31-5024
http://www.pleiades-publishing.co.jp

装　丁　松岡　徹

印刷所　亜細亜印刷株式会社

製本所　株式会社渋谷文泉閣

落丁・乱丁本はお取り替えいたします。定価はカバーに表示してあります。
ISBN978-4-903814-85-8　C3041　　Printed in Japan